MANAGEMENT Y

ULF BRANDES ist Diplom-Physiker, Wirtschaftswissenschaftler und Fellow der britischen Royal Society of Arts RSA. Nach fast zwei Jahrzehnten in internationalen Konzernen und Start-up-Firmen begann er, seine Erfahrungen in Workshops und Vorträgen weiterzugeben. Bei einem seiner Vorträge entstand die Idee zu diesem Buch. Parallel arbeitet er unter dem Titel „Augenhöhe" an einem Dokumentarfilm über moderne Formen der Zusammenarbeit.

PASCAL GEMMER ist Diplom-Maschinenbauer und Absolvent der School of Design Thinking am Potsdamer Hasso-Plattner-Institut. Als Co-Founder der 30-köpfigen Berliner Innovationsagentur Dark Horse unterstützt er seit 2009 Unternehmen wie Audi, SAP oder DHL bei der Entwicklung innovativer und kundenrelevanter Produkte und Services. Insbesondere die Einbettung der Prinzipien des Design Thinking in bestehende Unternehmensabläufe und Strukturen sind hierbei Schwerpunkt seiner Arbeit.

HOLGER KOSCHEK ist selbstständiger Berater, Trainer und Coach. Der Diplom-Informatiker begleitet Projekte und Organisationen bei der Einführung und Verankerung agiler Denk- und Vorgehensweisen im Produkt- und Projektmanagement und in der Unternehmensführung. Dabei stützt er sich auf seine langjährige Erfahrung mit objektorientierter und agiler Softwareentwicklung. Er ist Autor zahlreicher Fachpublikationen, regelmäßiger Sprecher auf Konferenzen und engagiert sich in agilen Communitys.

LYDIA SCHÜLTKEN ist seit zehn Jahren Organisationsberaterin mit großer Leidenschaft für digitale Unternehmen, Agenturen und Start-ups. Sie berät und begleitet Unternehmen bei der Bewältigung von Wachstum mit Hilfe von Coaching, Strategieumsetzung, Führungskräfteentwicklung und aktiver Unternehmenskulturgestaltung. Im Jahr 2012 nahm sie am Programm „Start-up Chile" in Santiago de Chile teil, um selbst einmal den Entrepreneur-Hut aufzusetzen.

ULF BRANDES
PASCAL GEMMER
HOLGER KOSCHEK
LYDIA SCHÜLTKEN

MANAGEMENT Y

AGILE, SCRUM, DESIGN THINKING & CO.:
SO GELINGT DER WANDEL ZUR
ATTRAKTIVEN UND ZUKUNFTSFÄHIGEN
ORGANISATION

Campus Verlag
Frankfurt/New York

ISBN 978-3-593-50158-1

Copyright © 2014 Campus Verlag GmbH, Frankfurt am Main
Umschlaggestaltung: Guido Klütsch
Illustrationen: Manuel Dorn
Layout und Satz: Holger Koschek
Gesetzt aus: Minion Pro und Dosis
Druck und Bindung: Beltz Bad Langensalza
Printed in Germany

Dieses Buch ist auch als E-Book erschienen.
www.campus.de

INHALT

Ein Gespräch
zwischen zwei
Geschäftsreisenden
auf dem Flug
von Zürich nach
Hamburg

... was für eine unfassbare Fehlentscheidung das rückblickend war, können Sie sich ja vorstellen. In einem Punkt waren sich alle einig: Es musste ein Kopf rollen!

Das verstehe ich. Bei uns war das früher auch so. Wenn ein Fehler passierte, dann wetzten wir alle das Messer ...

Sie sagen es!

Interessanterweise ist das heute anders. Letzte Woche erst ist einem Kollegen ein krasser Fehler unterlaufen. Aber anstatt mit dem Finger auf ihn zu zeigen, haben alle mit angepackt, um das Problem zu lösen.

Echte Hilfe statt schneller Hinrichtung? Einfach so?

Irgendwie schon. Weil alle sich durch die vielen kleinen Veränderungen der letzten Zeit mehr als Mitgestalter denn als Opfer der Firma fühlen.

Das ist ja spannend! Was sind denn das für kleine Veränderungen? Könnte das auch bei uns funktionieren?

Ach, das ist gar nicht so kompliziert! Wie lange fliegen wir noch? Eine halbe Stunde. Dann kann ich ja mal ein bisschen erzählen ...

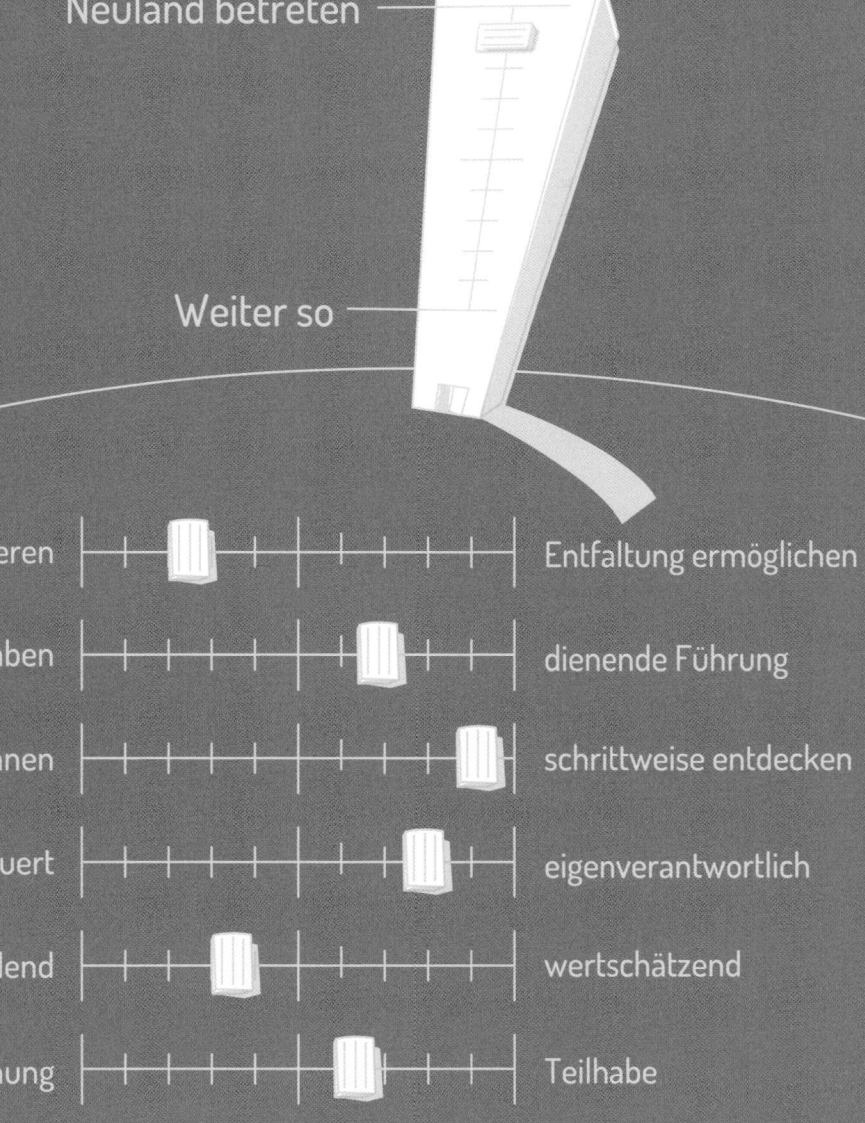

Neuland betreten

Weiter so

kontrollieren									Entfaltung ermöglichen
inhaltliche Vorgaben									dienende Führung
alles vorausplanen									schrittweise entdecken
fremdgesteuert									eigenverantwortlich
bevormundend									wertschätzend
Unterordnung									Teilhabe
Dienst nach Vorschrift									über sich hinauswachsen

UNSER GRÖSSTES ENTWICKLUNGSPOTENZIAL

Lassen Sie uns gemeinsam eine zukunftsfähige Arbeitswelt schaffen! Eine, die den Herausforderungen unserer Zeit gewachsen ist. Mit einer Arbeitskultur, in der Menschen aus echter Begeisterung ihr Bestes geben. Warum und wie dies heute überall möglich ist, zeigen wir in diesem Buch. Hierzu erläutern wir die gegenwärtigen Veränderungen in der Arbeitswelt und lassen mutige Unternehmer und Führungskräfte zu Wort kommen, die zeigen: „Es geht auch anders – und zwar besser.“

Die stärkste Motivation für einen solchen Kulturwandel spürt, wer ihn miterlebt. Menschlicher, authentischer, reflektierter. Demütiger vor der zunehmenden Komplexität der Welt – und erfolgreicher: Wer einmal diese neue Arbeitswelt des 21. Jahrhunderts kennengelernt hat, der will nie wieder zurück. Ob dies über Design Thinking, Scrum, dienende Führung, authentische Unternehmenskommunikation oder eine andere moderne Arbeitsweise geschehen ist, spielt im Grunde keine Rolle. Bedeutsam sind die Gemeinsamkeiten dieser neuen Strömungen: Augenhöhe statt Unterordnung, Gemeinsinn statt Silodenken, gemeinsam entwickeln statt anordnen. Dass Menschen, die so zusammenarbeiten, meist glücklicher und erfolgreicher sind, wissen wir durchaus – doch die Realitäten unserer Gegenwartskultur leiten uns immer wieder in die entgegengesetzte Richtung.

Wenn wir in der Arbeitskultur des 20. Jahrhunderts verharren, ist fraglich, ob wir damit Erfolg haben werden. Viele Führungskräfte sind sich dessen zwar bewusst, aber Wandel ist eben kein Selbstläufer. Jeder Anstoß zum Umdenken ist mühsam errungen, und häufig fehlt es an pragmatischen Hilfen, um den Einstieg zu finden. Zugleich gibt es viele gute Gründe, um an Bewährtem festzuhalten. So werden Reformen immer wieder halbherzig, über die Köpfe der Betroffenen hinweg oder gar nicht angestoßen und von der Führung nicht vorgelebt. Und trotz aller Reformbemühungen engagierter Initiatoren hält sich hartnäckig das Bild, dass Arbeit so sein müsse, wie sie heute ist. Die Hürden, die der Innovation, der Potenzialentfaltung und der Arbeitsgesundheit heute im Weg stehen, werden dadurch in der betrieblichen Praxis täglich weiter zementiert.

Zu einer besseren Arbeitswelt gibt es jede Menge Theorie und politische Programmatik. Doch in der öffentlichen Diskussion fehlen lebendige Beispiele, die wirklich berühren und in der Praxis zeigen, was möglich ist und was es bringt, neue Wege zu gehen. An dieser Stelle wollen wir einen Hebel ansetzen und zum Umdenken einladen. Denn konkrete Beispiele von Herausforderungen, praktischen Ideen und Erkenntnissen entfalten eine viel nachhaltigere Wirkung als Theorien, Wunschdenken und Rhetorik. In den unterschiedlichsten Branchen und Organisationsformen gibt es Entwicklungen, die ein menschlicheres und erfolgreicheres Arbeiten im Betrieb ermöglichen. Die Praxis- und Methodikbeispiele in diesem Buch sollen Sie ermutigen, gemeinsam mit Ihren Kollegen ebenfalls geeignete Wege abzustecken und den Wandel in Ihrem Umfeld auf Ihre Weise einzuleiten. Es sind demnach keine Blaupausen oder Patentrezepte, sondern verdichtete, hilfreiche Erfahrungen.

Wer Neuland erst betreten mag, wenn der Erfolg garantiert ist, wird nicht weit kommen, und der eigene Königsweg sieht aus dem Blickwinkel der Kollegen oft unwegsam aus. In komplexen Situationen liegt eine große Chance darin, Kollegen einzuladen, die Dinge aus verschiedenen Blickwinkeln zu betrachten und behutsam das Terrain zu testen. *Management Y* lädt Sie und Ihre Kollegen daher dazu ein, genau dies zu tun: gemeinsam kleine Schritte in die neue Arbeitswelt zu wagen und ein Gefühl dafür zu entwickeln, ob die Richtung stimmt.

Orientierung erleichtert den Einstieg: Daher bieten wir in der ersten Hälfte des Buchs eine Zusammenschau der Grundmuster und der wesentlichen Reformbewegungen und Strömungen – aus vier unterschiedlichen Blickwinkeln, die von der Innovation bis zur Lieferung die wesentlichen Felder des Wandels beleuchten. In der zweiten Hälfte des Buchs erhalten Sie dann ganz konkrete

Anregungen zum Einstieg in den Wandel – von Menschen, die neue Formen von Zusammenarbeit gewagt haben und von ihren Erfahrungen berichten. Am Schluss betrachten wir verschiedene Möglichkeiten, wie es gemeinsam weitergehen könnte.

Wir schreiben dieses Buch, weil wir dazu beitragen wollen, dass wir alle einmal stolz zurückblicken können auf die atemberaubende Ära des Umbruchs an der Schwelle vom 20. zum 21. Jahrhundert. Zugleich ist dies genau das Feld, in dem wir arbeiten möchten – und zwar gemeinsam mit allen Pionieren, Vordenkern, Praktikern, Anwendern und Ratsuchenden, die den Wandel der Wirtschaft hin zu einer Wirtschaft des Wandels mitgestalten. Daher haben wir zu diesem Buch im Internet eine Anlaufstelle geschaffen, wo Sie weitere Informationen erhalten und Gleichgesinnte finden können. Und natürlich auch uns. Wir freuen uns darauf, Sie kennenzulernen!

Unser Dank gilt allen Pionieren der neuen Arbeitswelt sowie unseren Familien, Kollegen und Freunden, ohne deren engagierte Arbeit und Unterstützung dieses Buch nicht möglich gewesen wäre. Manuel Dorn hat mit seinen hintergründigen Illustrationen sehr zum Wert dieses Buchs beigetragen. Wir danken dem Campus Verlag, insbesondere Stephanie Walter und Ulrich Begemeier, für den Mut, dieses Buch mit uns zu machen.

Berlin/Wedel, im Juli 2014

Ulf Brandes
Pascal Gemmer
Holger Koschek
Lydia Schültken

Begleitmaterial und Kontaktmöglichkeiten im Internet:
management-y.de

MEHR MENSCHLICHKEIT IM MANAGEMENT!

Wie werden wir heute ein
„Great Place to Work" mit
„Great Products to Buy"?

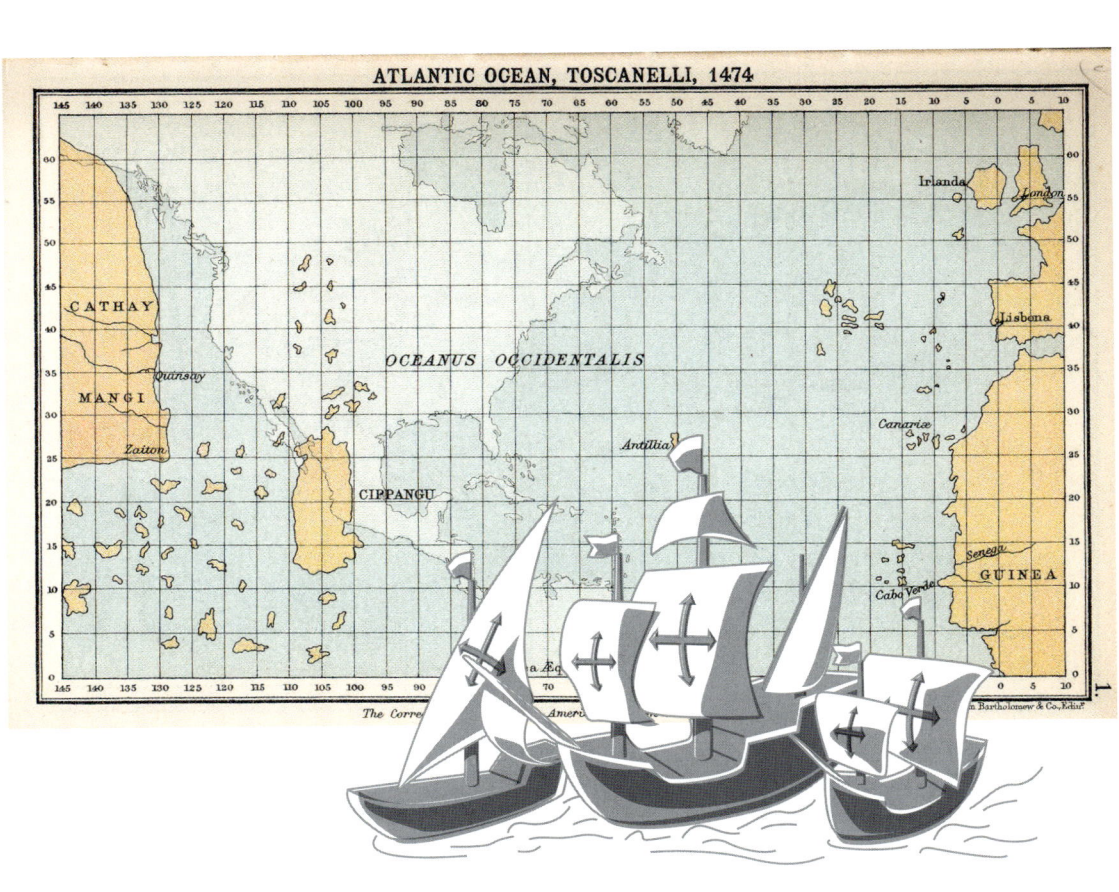

ATLANTIC OCEAN, TOSCANELLI, 1474

NEUE WEGE ZU EINER LEISTUNGSFÄHIGEN ORGANISATION

„Hier dauert der gesamte Akt eine Minute und da halt anderthalb Wochen", vergleicht Maschinenbau-Ingenieur Felix Heckmann (39) die Beschaffungsprozesse in seinem Unternehmen mit einigen Wettbewerbern, die er gut kennt. Sein Arbeitgeber allsafe JUNGFALK ist ein mittelständischer Automobilzulieferer aus Baden-Württemberg. Auf den ersten Blick nichts Besonderes: 145 feste Mitarbeiter, gut 39 Mio. Euro Jahresumsatz bei gut 5 Mio. Euro Gewinn vor Steuern, 3000 große und kleine Kunden in aller Welt. Doch bei allsafe JUNG-FALK herrschen Transparenz und Vertrauen, es gibt keine starren Prozesse und Hierarchien. Sämtliche Mitarbeiter kennen die Finanzdaten des Unternehmens, die sie zusammen mit anderen Leistungskennzahlen täglich bei den Postfächern und auf den Gängen aushängen. Und: allsafe JUNGFALK ist Weltmarktführer für Transportsicherungssysteme im Logistikbereich. Deutlich teurer als die Konkurrenz, von Kunden hochgeschätzt für die Qualität und die Durchdachtheit der Produkte sowie für Flexibilität und hohe Liefergeschwindigkeit – selbst bei Kleinmengen und Sonderlösungen.

allsafe JUNGFALK ist kein Einzelfall. Karsten Foth, Geschäftsführer der Firma hhpberlin, berichtet: „Als wir die Jobtitel abgeschafft hatten, entdeckten die Mitarbeiter auf einmal das Problem: ‚Mensch, Karsten! Seitdem weiß ich auf einer Party gar nicht mehr, wie ich die Frage beantworten soll, was ich bin!'" hhpberlin ist das größte deutsche Ingenieurbüro für Brandschutz, 160 Mitarbeiter an sechs Standorten. Auch bei hhpberlin gibt es seit über zehn Jahren kein starres Organigramm mehr. Die Mitarbeiter entscheiden selbst, woran sie arbeiten. Sie vertrauen dabei nicht nur darauf, dass ihre Kollegen im Interesse des Unternehmens, der Kunden und Partner handeln. Sie haben darüber hinaus Routinen entwickelt, um über die Aktivitäten der anderen auf dem Laufenden zu bleiben und gerade auch heikle Fragen offen auszusprechen. Der Markt dankt ihnen diese Vertrauenskultur und die daraus resultierende Leistungsfähigkeit: Wie Jungfalk ist auch hhpberlin unangefochtener Marktführer in der eigenen Branche, mit Brandschutzprojekten wie dem Berliner Hauptbahnhof, der Allianz Arena, Sanssouci und etlichen Wolkenkratzern und Großflughäfen in aller Welt.

Mehr zu diesem Teil des Buchs:
management-y.de/
grundlagen

Kolumbus bricht auf in die Neue Welt. Seine Karte ist falsch, doch der Pioniergeist ist groß. Und der unverhoffte Ertrag ist unermesslich.

Die Vorreiter für die Unternehmenskultur des 21. Jahrhunderts sind nicht nur die jungen Talente der Generation Y und Medienplatzhirsche wie Apple oder Google, sondern auch Hidden Champions wie allsafe JUNGFALK und hhpberlin – also Unternehmen aller Branchen mit Mitarbeitern aller Altersgruppen. Die Beispiele zeigen: Die wahren Erfolgsfaktoren im 21. Jahrhundert liegen nicht in noch ausgeklügelteren Werbetricks oder einem skrupellosen Beschaffungswesen, sondern in menschlicher Reife an den Schlüsselpositionen der Organisation. Wir können uns fragen: Haben unsere Organisationsstrukturen der Vergangenheit reife, souveräne menschliche Haltungen eher gefördert, oder erschwert? Der Industrialisierung unserer Arbeitswelt von der Produktion bis zur Verwaltung und den Heilberufen verdanken wir viel, nicht zuletzt einen guten Teil unseres Wohlstands und unserer Lebensqualität – doch möglicherweise auch einige Hindernisse auf dem Weg zu menschlicher Charakterstärke, Souveränität und Verbundenheit im Miteinander.

Scheint es in unseren heutigen Organisationen nicht oft sicherer, bei heiklen Themen den Kopf in den Sand zu stecken, als sich ihnen zu stellen; aussichtsreicher, sich der Konzernpolitik zu widmen, als den Belangen der Kunden; bequemer, von den Mitarbeitern zu fordern, ihre Zahlen im Griff zu haben, als mit anzupacken, wenn Probleme auftauchen? Was ist leichter, drei zusätzliche Jours Fixes in der Woche anzusetzen oder zum ernsthaften Dialog über schwierige Herausforderungen einzuladen? Vorhaben anderer zu kritisieren oder sie selbstlos zu fördern? Sich an Besitzstände oder Privilegien zu klammern oder sie loszulassen? Gilt Rivalität zwischen Mitarbeitern und Abteilungen als gesundes „Survival of the Fittest", das getreu dem Grundsatz „Teile und herrsche" bequem die eigene Position festigt – oder fördern wir Verbundenheit und riskieren, dass die Mitarbeiter miteinander über uns hinauswachsen? Diese Fragen ließen sich beliebig fortsetzen.

„Geben ist seliger denn nehmen", sagte man einst – ist das tatsächlich so überholt? Was macht uns glauben, dass wir uns mit dem Motto „Wenn jeder für sich sorgt, ist für alle gesorgt" auf Dauer wirklich besser stellen? Sind es unsere Organisationsstrukturen, die zu unguten Haltungen beitragen und Charakterstärke weniger attraktiv erscheinen lassen? Dann wäre wenig verwunderlich,

Der wahre Erfolgsfaktor im 21. Jahrhundert:

Menschliche Reife an den Schlüssel- positionen der Organisation.

dass solche Organisationen sich schwertun angesichts der meisten heutigen Herausforderungen vom globalen Wettbewerb bis zu Umweltthemen und veränderten Konsumentengewohnheiten: Wie könnten sie ihnen auch gewachsen sein, wenn sie unsere menschlichen Schwächen bedienen, statt souveränes Loslassen, echte Entfaltung und Gemeinsinn zu fördern?

Die Fragen hinter unserem unternehmerischen Wunsch nach echter Innovation, erfolgreicher Personalgewinnung und begeisterten Kunden lauten:

- Wie können wir uns und unseren Mitarbeitern souveräne Haltungen erleichtern?
- Wie können wir Organisationen schaffen, die im gegenseitigen Vertrauen Mitarbeitern erleichtern, souveräne Haltungen einzunehmen?

Auf diese Fragen gibt es keine allgemeingültige Antwort, keine Best Practice und keine ISO-Norm. Denn so individuell die Menschen sind, so verschieden sind die Wege, um für sie und mit ihnen eine Organisation zu schaffen, die den Herausforderungen unserer Zeit gewachsen ist. Doch es gibt umfassende gesicherte Erkenntnisse über geeignete Rahmenbedingungen und Betrachtungsweisen. Im Folgenden beleuchten wir einige von ihnen näher: was Menschen motiviert; wie Menschenbild und Entfaltung zusammenhängen; was Höchstleistung ermöglicht; wie wir Sinn stiften und wie wir mit Komplexität umgehen können.

WAS ALLE MENSCHEN MOTIVIERT – NICHT NUR DIE GENERATION Y

Was das Wissen über die menschliche Natur angeht, ist die Kluft zwischen Theorie und Praxis heute wohl bald so groß wie zu Beginn des Zeitalters der Aufklärung. Hirn- und Verhaltensforschung, Sozialpsychologie und moderne Organisationsentwicklung sitzen auf regelrechten Schatzkisten von Erkenntnissen aus jahrzehntelangen Beobachtungen und Forschungen, wie Wahrnehmung und Geist zusammenwirken, was Menschen motiviert, wie gute und schlechte Entscheidungen zustandekommen, warum wir tun, was wir tun, was unsere Leistungsfähigkeit fördert und was uns schwächt – und wie wir Zusammenarbeit so organisieren können, dass sie Menschen begeistert.

Gemessen an dem, was wir über eine funktionierende Arbeitskultur wissen *könnten*, bewegen wir uns im Arbeitsalltag mit Badelatschen im Hochgebirge – und wundern uns ernsthaft, warum wir regelmäßig ausrutschen, uns verletzen und andere gefährden. In unseren Organisationsstrukturen gebärden wir uns wie Debütanten der Menschlichkeit, die eigene Erfahrungen machen müssen, sich aus ihren Einzelbeobachtungen, Erfolgen und Misserfolgen, persönlichen Prägungen und dem Zeitgeist ihre Weltbilder zusammenreimen müssen und gar nicht ahnen, welches viel weiterreichende Vorwissen sich mit wenig Engagement zusätzlich erschließen ließe: Wir sind geprägt von den Erfolgsrezepten des 20. Jahrhunderts – höher, schneller, weiter; alle gegen alle; mehr ist immer besser; was kostet die Welt –, geprägt von den Geisteshaltungen, die uns das Gefühl gaben, mit ihnen erfolgreich zu sein.

Wir hatten in gewisser Weise recht und haben wahrscheinlich übertrieben. Die Generation, die nach den Entbehrungen der Nachkriegszeit beispiellosen Wohlstand in die Welt brachte, macht sich heute Gedanken um ihr Vermächtnis: Was bleibt von dem beeindruckenden Pool im Garten und der Sauna im Keller? Vom bitter erkämpften Abteilungsleiterposten im abgewickelten Warenhauskonzern? Vom hart Ersparten, das sich in Wirtschaftskrisen und Inflation verzehrt? Von den Geisteshaltungen, die uns dahin gebracht haben, wo wir heute stehen?

Am wenigsten gefangen von solchen Anhaftungen und Sorgen scheint die junge Generation Y zu sein, die, um die Achtzigerjahre geboren, nach Ölschock, Umweltschock und Rentenschock nur eines weiß: So geht es nicht weiter. So arbeiten und leben wie ihre Eltern – auf keinen Fall! Auf deren vermeintliche Errungenschaften wird in Zukunft sowieso kein Verlass sein – warum also sollten sie ihr etwas bedeuten?

Anders als die eher angepassten Generationen X und Golf erklärt die Speerspitze dieser um die Jahrtausendwende Teenager gewordenen „Millenials" der Generation Y nonchalant, auf jahrzehntelang wirksame Arbeitsanreize wie Hierarchie-Rang, Dienstwagen und vieles andere verzichten zu wollen zugunsten einer Arbeitskultur, die sich an tieferen menschlichen Bedürfnissen orientiert. Und die Millenials sind damit nicht allein, denn immer mehr Ältere reflektieren die Wertvorstellungen der Vergangenheit und stellen sich jetzt Fragen, die sie sich früher nicht gestellt haben: wofür es zu leben lohnt, auf wessen Kosten sie leben wollen und was sie ihren Kindern wirklich weitergeben möchten.

Die Avantgardisten der Generation Y scheinen zu ahnen – und unbeeindruckt von den „Erfolgsrezepten" und Haltungen des 20. Jahrhunderts mit ganz neuen Arbeitsweisen zu verwirklichen –, was die wissenschaftliche Forschung seit Jahrzehnten wieder und wieder mit handfesten Beobachtungen belegt:

- Menschen haben von Natur aus eine starke intrinsische Motivation, sinnvolle Aufgaben eigenverantwortlich anzugehen. Boni, Incentives und Leistungsanreize sind meist nicht nur wirkungslos, sondern oft sogar schädlich für das angestrebte Ergebnis, das sie letztlich entwerten.
- Menschen finden in echter Gemeinschaft Schritt für Schritt viel leistungsfähigere Lösungen für komplexe Herausforderungen, als wenn nur wenige denken und der Rest deren ehrgeizige Pläne umsetzt.
- Wenn die Grundbedürfnisse gedeckt sind, engagieren Menschen sich auf Dauer viel intensiver für wirklich sinnvolle Vorhaben als für monetäre persönliche Vergütungen.

Das halten viele für Binsenweisheiten und konstatieren achselzuckend, die Wirtschaft ticke eben anders. Wirklich? Werfen wir zunächst einen Blick auf einige Forschungsergebnisse und Erklärungsmodelle. Im darauffolgenden Teil „Was Unternehmen heute ändern …" und den anschließenden Praxisbeispielen („… und 24 Möglichkeiten, jetzt zu handeln") betrachten wir dann, welche leistungsfähigen und inspirierenden Herangehensweisen die neue Arbeitswelt inzwischen zu bieten hat.

DIE MASCHINE ALS IDEAL DES MENSCHEN?

Eines ist klar: Eine Zusammenarbeit, bei der einer denkt und alle anderen ausführen, bleibt selbst bei einfachen Tätigkeiten weit hinter ihren Möglichkeiten zurück. Menschen sind mit Anlagen ausgestattet, die weit über reine Ameisentätigkeiten hinausreichen – und selbst Ameisen besitzen bei ihren emsigen Tätigkeiten ein hohes Maß an Autonomie und Selbstorganisation. Die mit der Industrialisierung im 19. Jahrhundert einhergehende Mechanisierung der Arbeitswelt schuf neue Denk- und Arbeitsweisen, die mit dem Taylorismus der Weltkriegsära ihren Höhepunkt erreichten:

- Orientierung der Arbeit am Ideal der Maschine: planbar, beherrschbar, reproduzierbar, skalierbar, austauschbar
- Willkürliche Trennung von geistiger und körperlicher Arbeit
- Anreizsysteme, die mit Druck und Kontrolle Leistungen erzwingen wollen

Die geistlose Akkordarbeit und die fehlende wissenschaftliche Fundierung des Taylorismus führte in den USA schon kurz nach dem Ersten Weltkrieg zu starker Kritik bis hin zu staatlichen Verboten einzelner Praktiken. Andererseits war die Kriegswirtschaft allerorten auf billigste Arbeitsleistung und die Ausbeutung aller verfügbaren Ressourcen angewiesen. So wurden die anfänglichen Schutzgesetze flächendeckend unterlaufen und die kritisierten Grundgedanken weiterentwickelt, etwa mit den ersten Zeiterfassungssystemen, und in Deutschland beispielsweise mit der REFA-Methodenlehre, die bis heute im deutschen Tarifsystem ein fester Begriff für Arbeitsgestaltung, Betriebsorganisation und Unternehmensentwicklung ist.

Auch das Ende des Zweiten Weltkriegs konnte den Siegeszug des Ideals von der maschinengleichen Arbeitskraft nicht stoppen. Gerade Taylors ursprünglich nur für repetitive Arbeiten gedachten Belohnungs- und Anreizsysteme wurden in immer mehr Branchen und Arbeitsbereichen zum zentralen Dogma, von Banken und Hochschulen über Ingenieurtätigkeiten bis hin zur Kundenbeziehungspflege in Callcentern und sozialen Netzen. Menschen wollen wie Maschinen arbeiten, scheint es. Aber: Wollen wir das wirklich?

WAS FÜR MENSCHEN WOLLEN WIR SEIN?

Was für Menschen sind wir, worauf kommt es uns an? Diese Frage ist zentral und nicht zuletzt identitätsstiftend für jede Organisation. Dennoch – oder gerade deswegen – ist sie nicht leicht zu beantworten und oft scheint es bequemer, ihr auszuweichen und sich hinter den üblichen Phrasen zu verstecken. Dabei steht die Frage spätestens dann evident im Raum, wenn wir für die nächste Stellenausschreibung über die üblichen Schlagwörter hinaus zu formulieren versuchen, welcher Typ Mitarbeiter gesucht wird.

Der US-amerikanische Psychologe Douglas McGregor hat zu dieser Frage am Massachusetts Institute of Technology (MIT) schon 1960 eine Unterscheidung formuliert, die für die Qualität unserer Zusammenarbeit richtungweisend ist: Welches Menschenbild gilt bei uns? McGregor zufolge lassen sich zwei grundlegende Menschenbilder unterscheiden. Er gewann sie aus umfangrei-

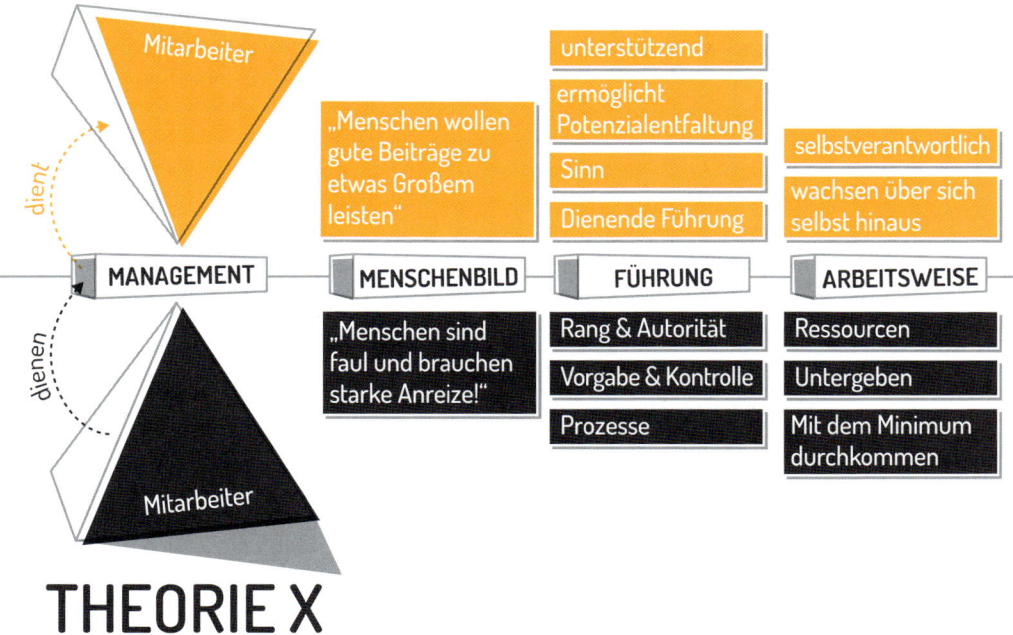

chen Befragungen zum Thema „Was glauben Sie, was Menschen motiviert?" und nannte sie *Theorie X* und *Theorie Y*:

- Theorie X zufolge sind Menschen *extrinsisch motiviert*, also salopp gesagt faul, und brauchen starke äußere Anreize. Die Rolle der Führungskraft ist es, den Mitarbeitern Vorgaben zu machen und deren Einhaltung zu kontrollieren.
- Theorie Y zufolge sind Menschen *intrinsisch motiviert*, wollen also von sich aus etwas erreichen. Die Aufgabe der Führungskraft ist es, den Mitarbeitern zu dienen und sie dabei zu unterstützen, sich weiter zu entfalten.

Laut McGregor tendieren Menschen und Organisationen meist recht deutlich zu der einen oder anderen Sichtweise und verhalten sich dem jeweiligen Menschenbild entsprechend. Welches Verständnis von Menschsein und Führung hilft in welchem Fall weiter? Betrachten wir die Auswirkungen dieser beiden unterschiedlichen Menschenbilder auf die Mitarbeiter:

- Theorie X: Mitarbeiter empfinden ihre Arbeit als fremdgesteuert und sehen sich in der Rolle des Dieners. „Dienst nach Vorschrift" ist ein typisches Resultat, das schon McGregor in seinen Forschungen darlegen konnte.
- Theorie Y: Mitarbeiter spüren ihre Eigenverantwortung sowohl für ihre Arbeitsergebnisse als auch für ihr eigenes Wohlergehen. Sie sehen und nutzen ihre Möglichkeiten, über sich hinauszuwachsen.

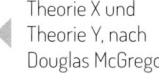
Theorie X und Theorie Y, nach Douglas McGregor

McGregors Forschungen zufolge werden Menschen wohl nicht als „X " geboren, sondern erwerben „X-Verhalten" im Laufe ihres Lebens, wobei auch der persönliche Kontext eine Rolle spielt: Wenn Menschen glauben, alle anderen seien extrinsisch motiviert, versuchen sie, sich entsprechend zu verhalten. Das führt in Organisationen zu einem Teufelskreis: Aufgrund der Vermutung, die Mitarbeiter seien extrinsisch motiviert, werden Regeln, Vorschriften und Anreize etabliert. Diese wiederum bilden den Kontext, der das eigene Verhalten prägt – und gleichzeitig das der anderen. So stärkt eine X-Kultur sich selbst und der Kreislauf beginnt von vorne…

Heute ist McGregors Verständnis der Theorie Y in Ansätzen wie der *dienen-den Führung* verwirklicht, aber noch lange nicht in der betrieblichen Wirklichkeit der meisten europäischen Unternehmen angekommen. Kein Wunder, denn es ist gar nicht so leicht: weder für die Führungskräfte, auf die Unterordnung ihrer Mitarbeiter zu verzichten, noch für die Mitarbeiter, weil bequeme Vorwürfe wie „Der Chef ist schuld" und „Ich werde hier nicht motiviert" ihre Wirkung verlieren. Und nicht leicht für alle, die nach Theorie Y arbeiten wollen, wenn dies nicht in der eigenen Linienorganisation bis hinauf zum Gesellschafterkreis ernsthaft vorgelebt wird.

Die Frage, welches Menschenbild wir fördern wollen, ist unbequem, aber bedeutsam, prägt es doch entscheidend unser Verhalten in Organisationen und die Systeme, die wir etablieren. Geld kann unter Umständen zwar kurzfristig motivieren – aber nachhaltiger wirken Gemeinsinn und die Freude, etwas geschafft zu haben. Wir wissen: Echte Begeisterung und Hingabe kann man nicht kaufen. Und auch wenn wir uneins sind, ob die Systeme dem Menschen dienen sollen oder Menschen den Systemen, ist in Zeiten des großen Wettbewerbs- und Veränderungsdrucks eine Frage überlebenswichtig: Wie kann sich unsere Leistungsfähigkeit am besten entfalten?

FLOW: WIE ENTFALTEN WIR UNSERE VOLLE LEISTUNG?

Ein weiteres bemerkenswertes Forschungsergebnis, das bis heute den Weg in die klassische Managementausbildung nur sporadisch geschafft hat, wird durch eine Frage eröffnet, die schon Maria Montessori faszinierte und die Mihály Csíkszentmihályi unter anderem als Leiter der Psychologischen Fakultät der Universität Chicago jahrzehntelang untersuchte: Welche Umgebungsfaktoren ermöglichen es Menschen, über Jahrzehnte hinweg kontinuierlich hohe Leistungen zu erbringen?

Csíkszentmihályi beobachtete Hunderte Höchstleister in unterschiedlichsten Berufsgruppen, darunter Sportler, Handwerker, Wissenschaftler und Führungskräfte. Seinen Forschungen zufolge sind Menschen auf Dauer und ohne zu ermüden zu einem Zustand kontinuierlicher Spitzenleistung fähig, den er

Selbstorganisation oder starre Vorgaben: Wie die Strukturen der Organisation den Flow fördern oder verhindern können.

Flow nannte. In Kurzform bestätigt er mit damit McGregors Theory Y: Arbeit motiviert, wenn sie sinnvoll erscheint und in einer Umgebung stattfindet, die Selbstbestimmtheit und Entfaltung fördert und rasche Rückmeldung gibt. Geisttötende Arbeitsbedingungen wie Sinnentleertheit, Überforderung und Zwang hingegen führen zwar bei rein mechanischen Arbeiten zu kurzzeitigen Zuwächsen in der Leistungsabgabe, sind aber absolute Leistungskiller für jede Form von kognitiver, kreativer oder analytischer Leistungsfähigkeit.

Damit Flow möglich ist, müssen bestimmte Randbedingungen erfüllt sein, die der amerikanische Bestseller-Autor Dan Pink später mit den drei folgenden Begriffen zusammenfasste:

- *Autonomie*: Entscheide ich selbst, wie ich meine Aufgabe angehe?
- *Kompetenz*: Kann ich mir das nötige Wissen und die Mittel verschaffen?
- *Sinn*: Erscheint mir die Aufgabe um ihrer selbst willen lohnend?

Auch bei Routineaufgaben wirken Gängelung und Antreiberei eher kontraproduktiv. Besser sollte man sich fragen, wie man öde Routine für Menschen erträglich machen kann – etwa indem man Zusammenarbeit und Gestaltungsspielräume ermöglicht. Die Paketaufschneider in den Logistikzentren der Drogerieeinzelhandelskette dm sind ein Beispiel. Ihre Tätigkeit konnte man nicht automatisieren, aber menschlich gestalten: Die „Aufschneider" sind immer zu

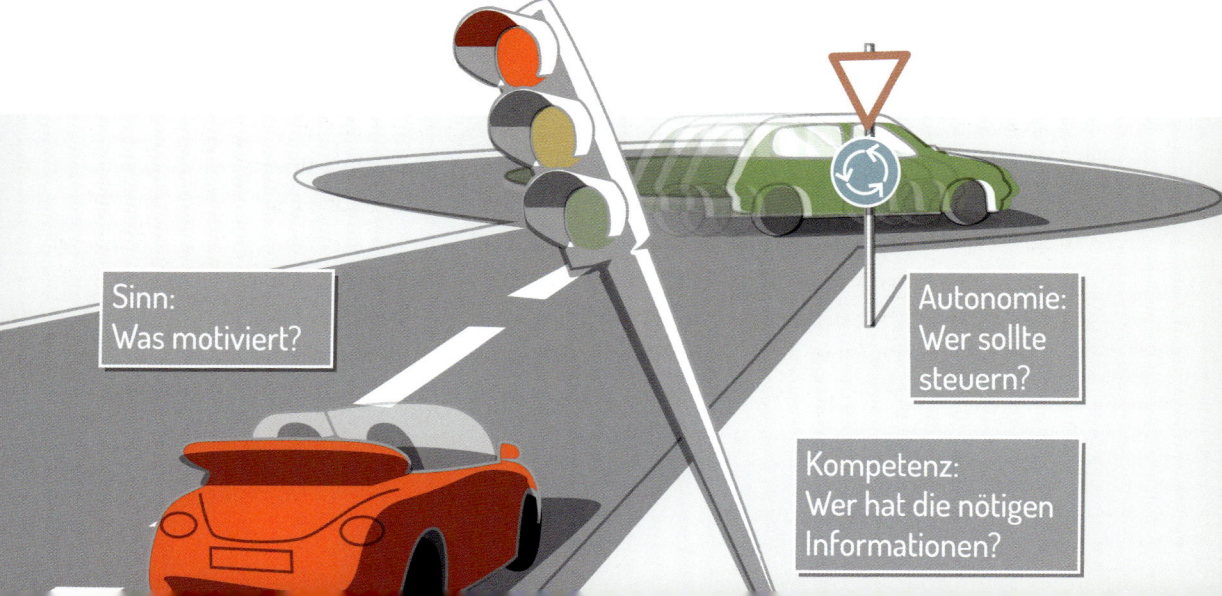

zweit, können sich also unterhalten. Bei dm bestimmen sie das Tempo – nicht die Maschine. In vielen Branchen, von der Fertigung bis zum „Pair Programming" in der Software-Programmierung, arbeiten inzwischen Menschen paarweise an Arbeitsplätzen, die man streng genommen allein ausfüllen könnte, und übernehmen gemeinsam souverän die Führung ihrer Aufgabe, kümmern sich um Qualität und Nachschub – und das umsichtiger, autonomer und effizienter, als wenn ein Vorgesetzter ihnen die Verantwortung abnähme.

Zum Thema Pair Programming siehe auch „Pairing: Schamlos zu zweit viermal besser"

Hinzu kommt ein Umdenken von „Push" zu „Pull", das in der Logistik seinen Anfang nahm: Beginnt ein Prozess besser auf der Angebots- oder auf der Nachfrageseite? Wer sich über Einkaufsmöglichkeiten lieber bei Bedarf informiert, als unerwünschte Werbung in seinem Briefkasten oder seinem E-Mail-Postfach zu erhalten, weiß, was gemeint ist. Dieses „Pull-Prinzip" gilt nicht nur in der Werbung, sondern ebenso in der Produktion und für jede Gruppe, die im Flow ist: Wir wollen den Flow aufrechterhalten und uns „ziehen" (engl. „pull"), was wir dafür benötigen, anstatt durch Stöße (engl. „push") von außen gestört zu werden.

Zwingend notwendig dafür ist Transparenz, also dass die handelnden Personen sich selbst mit den Informationen versorgen können, die sie für ihre Aufgabe benötigen. Im Nebel navigieren ist schwer. Nur wer die wichtigen Details seiner Umgebung möglichst unverfälscht wahrnehmen kann, ist imstande, in voller Verantwortung Entscheidungen zu treffen und entsprechend zu handeln.

Eigenverantwortlich arbeitende Teams können es sich leisten, Fehler zu machen, ja, sie sollen es sogar – vor allem wenn sie transparent darüber berichten und somit anderen die Möglichkeit geben, daraus zu lernen. Denn in ihrer Verantwortung liegen ihnen die eigenen Fehler natürlich am Herzen. Außerdem erkennen die handelnden Personen meist am kompetentesten, welche Annahmen unzutreffend waren, und können entsprechend gegensteuern. Last, but not least: Es ist kostengünstiger, unzutreffende Grundannahmen eines Vorhabens frühzeitig zu erkennen und zu korrigieren, als später, wenn schon viel investiert wurde. Zentrale Planung schützt vor Planungsfehlern am allerwenigsten.

Die Rolle der Führungskraft wandelt sich heute somit vom Kommandeur und Kontrolleur zum vorausschauenden Diener, der vor allem den Flow seiner

Kollegen im Blick hat: Haben sie, was sie brauchen, angefangen von Information und Material bis zur Kompetenz? Und ergibt das, was sie tun, für sie Sinn?

SINN: WOFÜR ENGAGIEREN WIR UNS WIRKLICH?

Welchem Sinn eine Firma dient, wofür sie da ist und wie sie tickt, erkennen Kunden und Interessenten schnell. Schließlich wollen sie wissen: Stehen meine Belange dort wirklich im Vordergrund – oder eher deren eigene? Die Grundhaltung einer Firma transportiert sich in vielfältiger Weise, vom persönlichen Kontakt mit Mitarbeitern bis hin zur Gestaltung von Produkten, Dienstleistungen und Marken. Man könnte sagen: Gesunde Schönheit kommt von innen.

Dennoch ist die Frage „Warum tun wir eigentlich, was wir hier tun?" in vielen Unternehmen alles andere als das Tagesgespräch. „Damit wir Geld verdienen", lautet eine schnelle, ausweichende Antwort. Doch dem Kunden ist damit nicht gedient. Und auch den Mitarbeitern nicht, denn diese möchten wissen, wozu sie beitragen. Idealerweise entwickeln sie die Antwort auf die Frage, wofür das Unternehmen steht, selbst mit.

Wenn wir die Frage ausweiten, wird sie noch heikler: „Auf wessen Kosten geht das, was wir hier tun? Ist das wirklich in Ordnung?" Etwa wenn starke Markeninhaber ihre Zulieferer zur austauschbaren „Commodity" machen und im Preis zu drücken versuchen; oder wenn Lieferanten Kunden wesentliche Informationen verschweigen; oder wenn Mitarbeiter von Umweltsünden ihrer Firma erfahren.

Untergräbt ein allzu eigennütziges Selbstverständnis nicht die Loyalität der Mitarbeiter auf allen Ebenen – nicht zuletzt weil sie ahnen, sie könnten vom eigenen Unternehmen selbst ebenso behandelt werden, und weil sie womöglich lieber zu einem größeren Ganzen beitragen wollen, auf das sie stolz sein können? Laufen Unternehmen damit nicht dem gegenwärtigen tief greifenden Wertewandel zuwider, in dessen Folge sich immer mehr Menschen zu Lebensstilen von Echtheit, Qualität, Familienbewusstein, Achtsamkeit und Sinnhaftigkeit hingezogen fühlen? Und beraubt uns Kleinstaaterei nicht der Chancen, bei wichtigen Fragen durch echte Zusammenarbeit zu ganz anderen und weit besseren Lösungen zu kommen, als wenn jeder nur seine eigene Agenda verfolgt?

Wessen Belange berücksichtigen wir – und wessen nicht? Das ist die Sinnfrage, die bestimmt, was für uns zählt: Reicht unser „Wir" gerade für unsere Familie, die es zu ernähren gilt? Zählen wir unsere Kollegen dazu? Auch die aus den anderen Abteilungen? Und aus den Schwesterunternehmen des Konzerns? Was ist mit Kunden, Geschäftspartnern und Zulieferern? Was ist mit Mitbewerbern? Oder mit Menschen, die sehr weit weg leben oder noch gar nicht auf der Welt sind – also zukünftige Generationen, die mit der von uns gestalteten Umwelt leben müssen?

In die andere Richtung gefragt: Reicht unser „Wir"-Begriff womöglich nicht einmal für uns selbst, etwa weil wir keine Rücksicht auf unsere Gesundheit nehmen oder die Arbeit weder uns selbst noch unseren Familien guttut?

Wessen Belange berücksichtigen wir – und wessen nicht?

ECHTE SOLIDARITÄT + ECHTE PARTIZIPATION = ECHTE INNOVATION

Der Ruf nach umfassender Solidarität ist nicht neu. Man beschwört Solidarität gern und regelmäßig, weil man weiß, wie sehr ein funktionierendes Miteinander darauf angewiesen ist. Die Verfassung des Freistaates Bayern etwa beginnt ihre Wirtschaftsordnung mit den Worten: „Die gesamte wirtschaftliche Tätigkeit dient dem Gemeinwohl." In Bayern! Die gesamte! Alles! Nicht nur die alljährliche Weihnachtsfeier und der Obolus zum örtlichen Schützenfest. Wie radikal! Dieser Satz beschreibt kein friedliches Nebeneinander von Arbeit und Sinn, sondern eine klare Unterordnung: Wirtschaft muss dem Gemeinwohl dienen. Und man wusste auch wieso; es steht gleich im darauffolgenden Satz: „Die wirtschaftliche Freiheit des Einzelnen findet ihre Grenze in der Rücksicht auf den Nächsten."

Doch Gehaltssysteme mit individuellen Zielvereinbarungen und Boni wirken einem echtem Wir-Gefühl massiv entgegen – ebenso wie ein Bildungssystem, das von der Kinderkrippe bis zum höchsten Abschluss auf die Kritik von Einzelleistungen baut statt auf echten sozialen Kompetenzerwerb durch

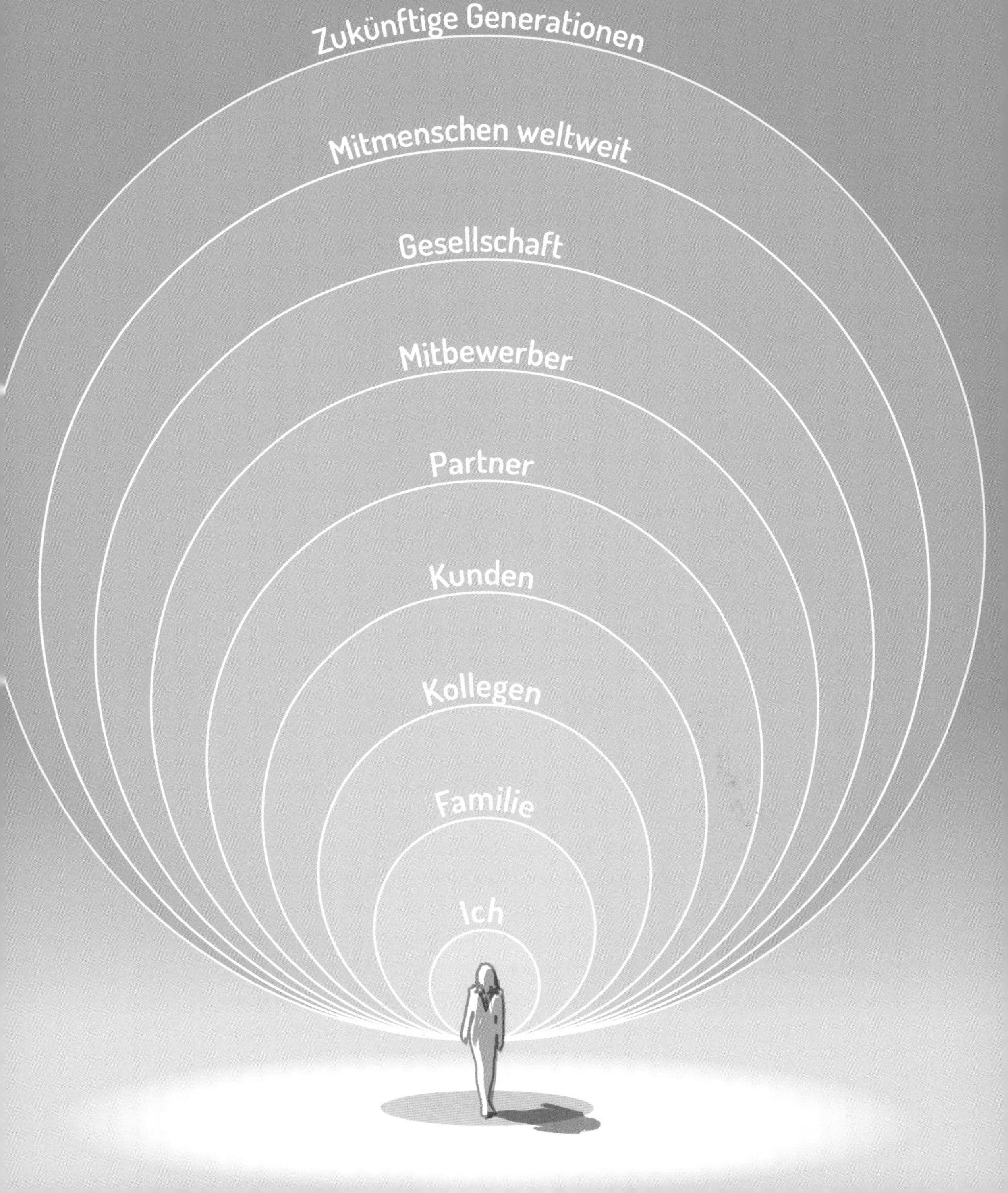

Zukünftige Generationen

Mitmenschen weltweit

Gesellschaft

Mitbewerber

Partner

Kunden

Kollegen

Familie

Ich

Gemeinschaftsprojekte. Solche Systeme konterkarieren den Zweck, Menschen lebenslang darin zu fördern, sie selbst zu sein und sich zu entfalten, um aus dieser Haltung heraus bestmöglich und engagiert zu ihrem persönlichen Wohlergehen sowie zum Wohl der Gemeinschaft beizutragen.

Die Frage „Wie groß ist unser Wir-Begriff?" impliziert auch ein Plädoyer für echte Partizipation. Denn wir ahnen, dass wir den komplexen Herausforderungen unserer Zeit – Umweltkatastrophen, Klimawandel, Wirtschaftskrisen – im Geiste der üblichen Partikularinteressen weit weniger gerecht werden als in einem gelingenden Miteinander. Nicht erst seit den bahnbrechenden Forschungsergebnissen zur Schwarmintelligenz wissen wir, dass uns erst echte Verbundenheit ermöglicht, komplexe Probleme erfolgreich anzugehen und geeignete Wege zu erkunden. Dass dabei gerade die Betroffenen und deren Belange berücksichtigt und gehört werden müssen, versteht sich von selbst. Denn erst wenn wir uns ernsthaft mit den Belangen der Betroffenen beschäftigen, entstehen gemeinsam mit ihnen gänzlich andere, neuartige Lösungen – echte Innovationen. Wenn wir nur optimieren, was uns selbst stark gemacht hat, kann nichts Neues dabei herauskommen. Dazu müssen wir unseren Horizont erweitern. Eigennutz und Solidarität ergänzen sich also: Es ist nicht so, dass ein Mehr vom einen zwingend ein Weniger vom anderen nach sich zieht. Im Gegenteil: Meist entstehen neuer Nutzen und neue Vorteile, die sich aus der Verbindung der unterschiedlichen Aspekte ergeben.

ZUSAMMENARBEIT IM 21. JAHRHUNDERT – DIE ABKEHR VOM HOMO OECONOMICUS

Menschenbild, Motivation, dauerhafte Höchstleistung und Wir-Gefühl: Alles Themen, die zentral in jedes Ausbildungs-Curriculum zur Betriebsführung gehören, aber dort nach wie vor leider ein Mauerblümchendasein fristen.

Das beliebte Selbstbild vom „rationalen Nutzenoptimierer" ist aus heutiger Sicht ebenso unhaltbar wie Taylors Theorien – und doch ist es unter dem Begriff Homo oeconomicus nach wie vor zentraler Dreh- und Angelpunkt der betriebs- und volkswirtschaftlichen Verhaltenstheorien. Die Idee, unser Gehirn

Wofür engagiert sich unsere Firma?

Wie vielen Menschen kommt dies zugute?

kalkuliere wie Mr. Spock bei jeder Entscheidung kühl den Nutzen der verschiedenen Optionen, liegt den meisten wirtschaftlichen Praktiken zugrunde. Oft wird dann noch Nutzen mit Geld gleichgesetzt, und – schwupps! – entsteht ein höchst praktisches Modell für jede Situation, in der wir Menschen als gefühllose Verstandeswesen beschreiben und so ihr Verhalten zu beeinflussen versuchen: von der Preis- und Gehaltsfindung bis zum Bruttosozialprodukt und der volkswirtschaftlichen Gesamtrechnung.

Das geht völlig an der Wirklichkeit vorbei. In der modernen Hirn- und Verhaltensforschung erscheint der menschliche Verstand eher wie eine Randerscheinung unseres Geistes: Die Ratio versucht, uns im Nachhinein zu erklären, was passiert ist – nachdem die Entscheidungen im Unbewussten längst getroffen sind. Und unser Bewusstsein sitzt wie die Belegschaft der Leitwarte eines Kraftwerks an den Bildschirmen und versucht, sich einen Reim auf das Geschehen zu machen, um nächstes Mal besser vorbereitet zu sein. Für ein echtes Eingreifen wird es meist viel zu spät involviert.

Heute stehen dank der jahrzehntelangen Arbeit nobelpreisgekrönter Querdenker wie Daniel Kahneman und auch deutscher Koryphäen wie Gerd Gigerenzer erste fachübergreifende Modelle zur Verfügung, die auf Grundlage einer überwältigenden Faktenlage immer konsistenter erklären, wie Menschen wirklich entscheiden – und welch große Rolle Intuition und Emotionen bei unserem Tun und Denken spielen. In dem sich formenden ganzheitlichen Menschenbild, das Hirnforschung, Psychologie, Verhaltensforschung, Systemtheorie und Wirtschaftswissenschaften auf experimenteller und theoretischer Ebene erstmalig systematisch in Einklang bringt, ist der stets rationale Homo oeconomicus unserer Intuition und Emotion untergeordnet. Er ist brillant, wenn es darum geht, Erlebtes im Nachhinein verständlich zu machen, doch an unserem Entscheiden und Handeln ist er nur indirekt beteiligt – und nur insoweit wir die Zusammenhänge unserer Situation hinreichend erfassen und aus der Vergangenheit valide auf zukünftige Ereignisse schließen können. Doch meist ist die Wirklichkeit für rationale Planspiele viel zu komplex. Selbst beim Schachspiel erfolgen die Lageeinschätzungen der Großmeister überwiegend

Bemerkenswerte Erkenntnisse zur Steuerung der Ratio durch unsere Emotionen stammen unter anderem aus den Forschungen zum „Libet-Experiment" und dem „Iowa gambling task", etwa von Antonio Damasio („Descartes' Irrtum"), und dem deutschen Hirnforscher Gerhard Roth.

intuitiv; sie sind nicht imstande, dieselben Kalkulationen durchzuführen wie ein Schachcomputer.

Unsere enorme Vorstellungsgabe und die Fähigkeit, Erlebtes zu reflektieren – das haben wir den Tieren offenbar voraus. Unser tatsächliches Verhalten wird von unserer Vorstellungsgabe und unseren Reflexionen jedoch im Allgemeinen bestenfalls mittelbar beeinflusst. Das kennt jeder, der sich beispielsweise von einer Gewohnheit wie dem Rauchen oder dem Mikromanagement trennen möchte.

So ist es aus der Sicht eines Bürgers im 21. Jahrhundert durchaus bemerkenswert, wie weitreichend die Wirtschaft, von ihrer Alltagspraxis bis hin zu wesentlichen Bildungsinhalten, auch heute noch auf Grundannahmen basiert, die ähnlich überholt sind wie die Idee, dass die Erde eine Scheibe sei: Ja, auf den ersten Blick sieht sie so aus – doch je genauer man hinsieht, desto weniger stimmt es; desto weniger begeistert ist man, wenn die Architekturen unserer Institutionen und Wirtschaftssysteme auf ähnlich wirklichkeitsfremden und irreführenden Grundannahmen basieren wie der Okkultismus und die Denkverbote des Mittelalters vor der Ära der Aufklärung. Die Komplexität unserer Wirklichkeit erfassen diese Modelle nicht; sie werden ihr schlichtweg nicht gerecht.

KOMPLEXITÄT BEWÄLTIGEN: SIEDLER UND PIONIERE

Umwelt, Klima, Globalisierung: Woher kommen auf einmal die vielen Herausforderungen der Gegenwart, die wir als „komplex" wahrnehmen und für die unsere bisherigen Herangehensweisen immer weniger geeignet erscheinen? Haben wir sie selbst geschaffen oder nur bisher nicht gesehen? Oder war unsere Welt einfach immer schon komplex? Oft bestimmen unterschiedliche Rollen, wie Komplexität wahrgenommen wird:

- *Siedler*: Manche Rollen liegen darin, das Bestehende zu stabilisieren.
- *Pioniere*: Manche Rollen liegen darin, das Bestehende abzulösen.

SIEDLER: „PLANBARKEIT!"

PIONIERE: „WAGNIS!"

„Wir verbessern Etabliertes."

Situation: Planbar

Ziel: Varianten testen

Herangehen: Variieren

„Wir schaffen neue Märkte."

Situation: Ungewiss

Ziel: Etwas zum Laufen bringen

Herangehen: Schrittweise herantasten

„Wir betreiben Infrastruktur."

Situation: Auf Schienen

Ziel: Zufälle ausschließen

Herangehen: Vorgeben

„Wir gründen ein Unternehmen."

Situation: Chaotisch

Ziel: Überleben

Herangehen: Nichts wie raus!

Die nebenstehende Grafik illustriert den Unterschied der beiden Rollen anhand vier verschiedener Arten von Aufgaben, die im Organisationskontext vorkommen.

Man könnte sagen: Pioniere erschließen Neuland. Siedler ermöglichen darin ein planbares Leben und sorgen damit nicht zuletzt für eine sichere Infrastruktur, die Pioniere wiederum benötigen, um andernorts Neuland erschließen zu können – von zuverlässigen Technologien bis hin zu Versorgungsangeboten.

So offenkundig diese Unterscheidung ist, so erstaunlich selten wird sie explizit erörtert. Meist vermischen wir beides und verlangen von Pionieren unbedingte Planbarkeit ihrer Ergebnisse und von Siedlern zunehmend unbedingte Flexibilität. Dabei könnten die Anforderungen in den verschiedenen Situationen unterschiedlicher kaum sein:

Die vier Quadranten der Komplexität: Jede der vier Situationen erfordert ganz spezifische Herangehensweisen, um ihrer jeweiligen Komplexität gerecht zu werden.

- Ist unser Weg bekannt (2, „Varianten testen") oder gar fest vorgegeben (1, „Zufälle ausschließen"), versuchen wir, sinnvolle Regeln und Prozesse einzuführen und mit geringstem Ressourceneinsatz ein Maximum an Plan- und Kontrollierbarkeit zu etablieren. Wir schaffen Infrastrukturen, die die Komplexität unserer Umwelt stark reduzieren, solange wir uns auf deren Spielregeln und Vorgaben einlassen.
- Ist der vor uns liegende Weg hingegen unbekannt (3, „Etwas zum Laufen bringen") oder ist sogar ungewiss, ob es überhaupt einen Weg gibt (4, „Überleben"), braucht es keine Anweisungen und Vorgaben von außen, sondern Erfahrung und gute Instinkte. Weit entfernt davon, selbst irgendetwas kontrollieren zu können, bleiben uns nur Versuch und Irrtum, tastende Schritte – bis wir erste Muster erkennen und mehr Sicherheit gewinnen (2). Dabei ist keinesfalls ausgeschlossen, dass die Situation sich verschärft, bis kein Instinkt und keine Erfahrung mehr hilft und wir in Chaos und echte Not geraten: „Nichts wie raus!" heißt dann die Devise, bis wir es wieder in einen Bereich geschafft haben, in dem unsere Erfahrung zu etwas nütze ist.

Fehlertoleranz und Wagemut bilden einen entscheidenden Unterschied zwischen Siedler- und Pionierkontexten: Führen Fehler in den Situationen (1) und (2) zu gravierenden Störungen im System, die es auszumerzen gilt, so gehören

bei (3) und (4) Fehler nicht nur zur Tagesordnung, sondern sind sogar unverzichtbar, um aus ihnen über die Situation und mögliche Lösungen zu lernen. Analog werden Risiken und persönliche Wagnisse in (1) und (2) nach Möglichkeit ausgeschlossen, während sie in (3) und (4) hingegen das zentrale Situationsmerkmal ausmachen.

Entfalten können sich Menschen vor allem in den Situationen (2) und (3), indem sie sich möglichst gut an das eigene System (2) beziehungsweise an die äußeren Gegebenheiten (3) anpassen. Sowohl Situation (4) (die uns überfordert) als auch Situation (1) (die uns fremdsteuert) rauben uns die Freiheit – sie sind autoritär und entsprechend unangenehm. Es wird klar:

Situation 3:
Neuland betreten

- Es gibt in diesen vier Quadranten der Komplexität kein „Besser" und kein „Schlechter": Niemand ist froh über unzuverlässige Bahnen, Brücken oder Stromversorger. Und auch die Natur ist nicht per se „schlecht".
- Innovation und Veränderungen befördern Menschen schnell vom ersten in den dritten Quadranten – zumindest subjektiv: Aus einem planbaren, kontrollierten Arbeitsumfeld wird eine hochkomplexe neue Situation, in der Routinen und Kontrollmechanismen keine Wirkung zeigen, wie etwa bei der Erweiterung der Stromnetze um unberechenbare Energiequellen wie Wind- und Sonnenenergie, die unsere auf hundertprozentige Vorhersagbarkeit hin optimierten Stromnetze derzeit ziemlich auf den Kopf stellen.
- Überhaupt ist die Einschätzung, in welchem Quadranten die eigene gegenwärtige Aufgabe angesiedelt ist, eher subjektiv: Tätigkeiten, die dem einen wie öde Routine erscheinen, sieht ein anderer als herausfordernde Komplexität und Entfaltungsmöglichkeit.

Situation 4:
unbeherrschbar;
Kampf ums
Überleben

Viele Branchen, von der Energieversorgung bis hin zur Verwaltung, wandeln sich unter dem heutigen Innovationsdruck vom Bewahrer zum Neuerer, vom ersten („Wir betreiben Infrastruktur") in den dritten Quadranten („Wir schaffen neue Märkte"). Aus Sicht der betroffenen Mitarbeiter fühlt sich dies eher wie Chaos an (also wie der vierte Quadrant), solange sie die gewohnte Regelhaftigkeit des alten Arbeitsumfelds vermissen und ihre Entfaltungsmöglichkeiten im Wandel nicht wahrnehmen. Zugleich wird aus Führungssicht gern versucht, Pionieraufgaben in der gewohnten Kontrollroutine anzugehen: Jedes klassische Projekt läuft Gefahr, mit Gantt-Charts, Meilensteinen und Kennzahlen eine Planbarkeit vorzugaukeln, die die Wirklichkeit schlichtweg nicht bietet. Viele Projekte sind letztlich Variationen gut verstandener Situationen und Prozesse – doch weit größere Herausforderungen entstehen für eine Firma dann, wenn sie Neuland betritt: Darauf sind manche strukturell und kulturell sehr gut vorbereitet, andere kaum bis gar nicht – und ahnen dies oft nicht einmal.

Im Grunde ähneln die Pioniersituationen (3) und (4) nach wie vor den Aufgaben, für die wir zum Überleben in der freien Natur biologisch ausgestattet und optimiert sind: Der Mensch kann die Natur von sich aus kaum kontrollieren, aber er kann dazulernen und dadurch neue Herausforderungen meistern. Insbesondere sind wir darauf programmiert, als Herde zu überleben – unter Einsatz unserer vereinten Kräfte, Kompetenzen und Intuitionen. Reinhold Messner hat den Mount Everest 1980 allein bestiegen, aber die Erstbesteigung des Berges wäre 1953 im Alleingang undenkbar gewesen.

An dem Beispiel der Erstbesteigung wird klar, dass es auch einem Team aus den größten Talenten nicht gelingen kann, die Vorgaben seiner Vorgesetzten umzusetzen, wenn diese im Basislager sitzen. Das Team braucht vielmehr seine fünf Sinne und das Selbstverständnis, in voller Verantwortung den Weg selbst finden zu müssen. Es kann sich zu diesem Zweck eine arbeitsteilige Struktur geben, die die unterschiedlichen Erfahrungen der Teammitglieder nutzt. Doch es wird nicht funktionieren, wenn sich beispielsweise der eine auf Kosten des anderen Vorteile zu verschaffen versucht oder wenn man aus Bequemlichkeit nach Schema F vorgeht.

Wenn alle fünf Sinne, Intuition und ein starker Gemeinsinn zusammenkommen, handelt ein Team im Idealfall wie ein intelligenter Schwarm, wie *ein* Organismus, der um ein Vielfaches leistungsfähiger ist als die Summe seiner Organe. Kompetenzen in Empathie, Selbstorganisation, Intuition und Schwarmintelligenz erscheinen in diesem Licht noch einmal essenzieller – doch unsere typischen Organisationskulturen, ja, unser gesamtes Wirtschaftsverständnis und unser traditionelles Bildungssystem haben für gemeinschaftliche Pionieraufgaben wenig zu bieten.

Die meisten Organisationsmodelle sind für Siedler entworfen. Berauscht vom Erfolg der industriellen Produktionsweisen widmen wir unsere gesamte Schaffenskraft einem einzigen Ziel: „Mehr davon." Einmal richtig, immer richtig. Lineare Optimierungsmodelle, als hätte man die ganze Welt im Griff, wenn man nur die richtigen Tricks und Formeln kennt: Das Idealbild der Welt als eine Maschine, die es perfekt zu beherrschen gilt. Dabei ist *Resilienz* heute das Ziel, also die Fähigkeit, als ganzes System *robust* mit Unvorhersehbarem umzugehen. In der enormen Komplexität, die wir Menschen zum Teil selbst geschaffen haben und mit der uns die Natur – nach unseren Versuchen, sie uns untertan zu machen – zunehmend konfrontiert, brauchen wir unsere Pionierinstinkte wieder.

Pionierinstinkte und Flow sind Anlagen, mit denen wir als Spezies ausgestattet sind, um in der Welt auf Dauer etwas leisten und uns entwickeln zu können. Stellt sich die Frage: Wie können wir Organisationsstrukturen und Räume schaffen, in denen sich Flow und Pionierinstinkte wieder entfalten können? Die in den folgenden Teilen des Buchs vorgestellten Herangehensweisen sollen Ihnen erleichtern, solche Strukturen und Räume zu schaffen. Indem Sie sich erlauben, wieder Mensch zu sein – und dabei sogar noch weitaus glücklicher und produktiver sein können als mit den Maschinenidealen des 20. Jahrhunderts.

DEN WANDEL BEGINNEN

Wenn die Zeichen der Zeit auf Veränderung stehen, ist die große Frage: Was soll Bestand haben und was wollen wir ändern – und wenn Veränderung, dann wie?

Das heißt beileibe nicht, dass alles falsch ist, was früher richtig war. Im Gegenteil: Unserer Fähigkeit, technische Vorgänge zu optimieren, verdanken wir nicht zuletzt unsere hocheffiziente Infrastruktur, vom Handynetz über die Eisenbahn bis hin zur Verwaltung. Doch dort, wo Unvorhersehbares die Regel ist, kommt eine andere Kultur hinzu, die den Unterschied ausmacht zwischen Unternehmen, die sich um ihre Zukunftsfähigkeit sorgen, und solchen, die die Zukunft ihrer Branche gestalten: Man kann einem Pionier nicht per Funk vorgeben, wie er seine Füße setzen soll – was er braucht, ist Autonomie, Haltung und Übung. In unserer zunehmend komplexen Welt wird das Unvorhersehbare zur Regel und viele von uns werden zu Pionieren.

In diesem Sinn bieten die folgenden Teile des Buchs eine Zusammenschau bewährter Einstiege in Haltungen für eine immer komplexere Welt. Zum einen geht es im Folgenden darum, wie sich Pionier- und Unternehmergeist, Fehlertoleranz, Partizipation, Intuition, Zusammenarbeit, Loslassen und Experimentierfreude aus verschiedenen Blickwinkeln in der Organisation widerspiegeln. Zum anderen ist eine wichtige Frage, wie Führungskräfte und Mitarbeiter fördern können, dass ein solcher „Geist" des 21. Jahrhunderts auch in ihrem Unternehmen um sich greifen kann. Die wesentliche Antwort lautet: Indem sie für sich und andere unwiderstehliche Möglichkeiten schaffen, diesen Geist zu erleben! Denn wer ihn einmal erlebt hat, der will selten wieder zurück.

Die Chancen unserer Zeit sind gerade für eine bestausgebildete Industrienation wie Deutschland größer denn je: Rund um den Globus werden heute diejenigen Lösungen adaptiert, die wir hierzulande längst wieder ablösen wollen. Immer noch schaut man weltweit auf den Westen, wenn es um Innovationen auf Gebieten geht, die der Menschheit echte Durchbrüche ermöglichen, wie etwa die Digitalisierung und das Internet. Weiterhin sind unsere Heimatmärkte Vorreiter neuer sozialer Trends und Entwicklungen, beispielsweise auf den Gebieten der Lebensführung und der Ernährung. Wenn es uns gelingt, neben neuen Technologien zukünftig auch neue, reifere Formen der Zusammenarbeit zu entwickeln und flächendeckend zu kultivieren, stärken wir damit nicht nur die Zukunftsfähigkeit unserer Arbeitswelt und damit unserer Standorte und Arbeitsplätze. Wir entwickeln damit zugleich ein aussichtsreiches neues Wachstumsfeld – für unsere Wirtschaft und zum Nutzen der gesamten Welt.

Willkommen im 21. Jahrhundert!

WAS UNTERNEHMEN HEUTE ÄNDERN ...

Die Organisation aus vier
wesentlichen Blickwinkeln

ORGANISATION GEMEINSAM BELEBEN

KUNDEN WIRKLICH VERSTEHEN

LIEFERN, WAS GEBRAUCHT WIRD

MANAGE-MENT

Y

MENSCHEN EHRLICH BEGEISTERN

EIN ANDERER BLICKWINKEL ERÖFFNET NEUE ANSICHTEN

Unternehmen sind komplexe Systeme. Um sie umfassend zu begreifen, reicht es nicht aus, einen einzigen Standpunkt einzunehmen. Deshalb betrachten wir in diesem Teil des Buchs die Wertschöpfung der Organisation aus vier verschiedenen Blickwinkeln. Sie geben Orientierung und schaffen einen übergeordneten Kontext für die neuen Herangehensweisen, mit denen viele Unternehmen heute ihre Kunden und Mitarbeiter begeistern und ihre Zukunftsfähigkeit im 21. Jahrhundert sichern:

- *Kunden wirklich verstehen* – mit Teamgeist und Einfühlungsvermögen ein Produkt (er-)finden, das ein wahres Bedürfnis der Kunden erfüllt.
- *Liefern, was gebraucht wird* – anhand der Produktidee ein tatsächliches Produkt herstellen und dabei flexibel auf Kundenbedürfnisse reagieren.
- *Organisation gemeinsam beleben* – Unternehmen dienend und wertschätzend führen, um die Grundlagen einer vitalen Unternehmenskultur zu schaffen.
- *Menschen ehrlich begeistern* – klar und authentisch kommunizieren, warum die Organisation das tut, was sie tut.

Starre Standpunkte erfassen Tiefe und Dynamik einer Struktur nur schwer. Wir möchten Sie daher in diesem Teil des Buchs ermutigen, ausgehend von diesen vier Blickwinkeln mit ihren Kollegen immer neue Perspektiven auf Ihre Organisation sowie die dort arbeitenden Menschen und deren Rollen einzunehmen: wie Satelliten, die aus unterschiedlichen Flughöhen die Welt erkunden. Dabei werden Sie immer wieder aufs Neue entdecken, dass Geschäftserfolg und Menschlichkeit sich gegenseitig befruchten können, statt sich auszuschließen.

KUNDEN WIRKLICH VERSTEHEN

Mehr zu diesem Blickwinkel:

management-y.de/
verstehen

Ein Staubsauger ohne Filter, eine Kutsche ohne Pferd, ein Computer mit Bildschirm, ein Computer ohne Tastatur. Unternehmen werden um Produktideen herum geboren, wachsen mit guten Produktideen und verblühen ohne sie. Egal ob materielle Produkte wie Autos, Bücher, Häuser, Buntlacke, Unterhemden und Software oder immaterielle Produkte (Dienstleistungen) wie gewartete Turbinen, gereinigte Hemden oder gut unterhaltene Kinobesucher: Gute Produkte bereitzustellen ist elementare Aufgabe eines jeden Unternehmens, vielleicht sogar dessen ureigener Zweck. Diesen Teil des Buchs eröffnet daher die Frage „Wie (er)findet man gute Produkte?", bevor wir uns den nachgelagerten und übergeordneten Aufgaben eines Unternehmens wie dem Herstellen, Organisieren und Darstellen zuwenden.

Zunächst: Die Art und Weise, wie Produkte erfunden werden, hängt sehr eng damit zusammen, wie Produkte produziert und konsumiert werden. Um diesen Zusammenhang zu verstehen, lassen Sie uns einen kurzen Ausflug in vergangene Tage machen.

Schon das Wort *Erfinden* klingt ja eher nach 19. Jahrhundert, man hört förmlich Dampfmaschinen und Lastkräne und sieht graue Baupläne auf Kohlepapier mit Eselsohren und Kaffeeflecken vor sich. Im 21. Jahrhundert denken wir eher an Erfindungen wie Concept-Cars, schicke Smartphone-App-Oberflächen oder per Sprache bedienbare Uhren. Erfinden heißt heute: Design, Entwicklung, Konzeption. Hat sich lediglich das Vokabular geändert oder steckt mehr dahinter?

Es steckt tatsächlich mehr dahinter. Nennen wir es Industrialisierung. Im Laufe der vergangenen zwei Jahrhunderte hat sich die Art und Weise, wie wir Produkte herstellen, komplett verändert. Verbesserte Verkehrswege, die Nutzung von fossilen Brennstoffen, die maschinelle Herstellung, die Produktstandardisierung und später die Erfindung des Fließbandes führten zu einer radikalen Produktivitätssteigerung. Die Unterversorgung mit Produkten des täglichen Gebrauchs war in den Sechzigerjahren in vielen industrialisierten Ländern bereits Geschichte, in Deutschland sprach man vom Wirtschaftswunder, man kaufte Autos, Fernseher und Waschmaschinen. Und da sich auch der Aufwand für die Herstellung von einem Paar Schuhe von 10 Personentagen auf weniger als 0,1 Personentage reduziert hatte, standen nicht mehr nur noch ein Paar, sondern 5 oder 30 Paar Schuhe im Regal. So galt in den Sechzigern die Maxime, Kunden den Zugang zu all dieser Produktvielfalt zu ermöglichen. Der Vertrieb wurde zum wichtigen Unternehmensbereich, gleichzeitig entstanden flächendeckend Handelsketten und Kaufhäuser.

Bereits in den Siebzigern machen sich aber die ersten Sättigungseffekte bemerkbar. Es stehen genug Schuhe im Regal, der Farbfernseher ist bereits gekauft und es wird für die Hersteller zunehmend schwieriger, Abnehmer für all die Produkte zu finden, die in Massen aus den stetig optimierten Fertigungsstraßen purzeln.

In der Zeit des aufkommenden Verdrängungswettbewerbes wird nun auch das Marketing immer wichtiger. Fernsehwerbung entpuppt sich als wirksames Werkzeug, den Kunden vom Kauf von Spülmittel xy zu überzeugen, das man braucht, wenn die Nachbarin vor Entzücken über das glänzende Geschirr die Hände vor dem Gesicht zusammenschlagen soll. Noch bis in die Nullerjahre hinein erleben wir immer größer werdende Marketingbudgets und immer ausgefeilter und kreativer werdende Marketingkampagnen.

Parallel mit dem zunehmenden Werbeaufwand steigt weiterhin die Produktvielfalt, die sich in den westlichen Industrienationen nahezu alle zehn Jahre verdoppelt. So stehen heute durchschnittlich etwa 100 Deos im Regal eines Drogeriemarkts und es gibt 100.000 Möglichkeiten, um das beliebteste deutsche Mittelklasse-Auto zu konfigurieren. Für Abwechslung ist heutzutage also gesorgt.

Die Tatsache, dass wir heute im Vergleich zum 19. Jahrhundert aus der zehntausendfachen Anzahl an Produkten auswählen können, hat auch unsere Art

Der Prozess zur Auswahl eines passenden Deos aus 80 verschiedenen Produkten läuft unterbewusst ab und dauert weniger als zwei Sekunden.

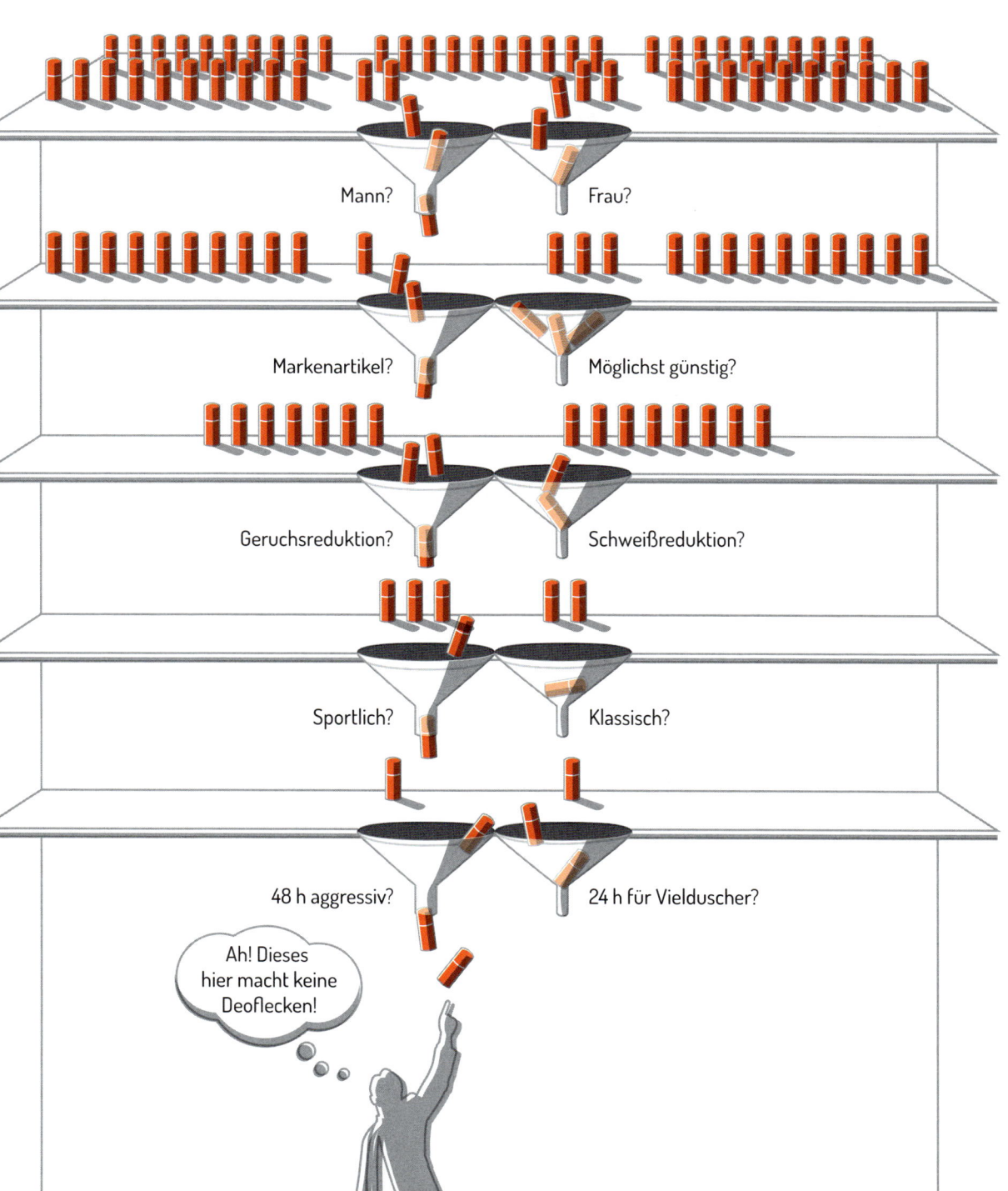

des Konsumierens gänzlich verändert. Wir sind anspruchsvoller geworden. Wir gehen nicht mehr zum Drogisten und fragen nach einem Mittel gegen Körperschweiß. Stattdessen stehen wir vor einem mannshohen Regal und folgen einer Heuristik. Zum Beispiel der auf der vorigen Seite.

Dieser Prozess läuft unterbewusst ab, dauert weniger als zwei Sekunden und resultiert im Kauf eines Deos. Bei der Neuanschaffung eines Laptops oder der Auswahl eines Kinofilms mag dieser Prozess etwas länger dauern, trotzdem haben wir gelernt, mit dieser immensen Vielfalt umzugehen. Virtuelle Produktvergleichsportale, Nutzerbewertungen und die noch im Anfangsstadium befindlichen unzähligen virtuellen Peer-Groups schaffen nicht nur Überblick, sondern versetzen uns auch zunehmend in die Lage, Produktqualitäten unabhängig von Herstellerversprechen zu beurteilen und auf die Übereinstimmung mit unseren Bedürfnissen zu überprüfen. Wir Konsumenten werden mündiger. „Marketing is dead" proklamieren inzwischen auch Leute, die hiermit ihr Geld verdienen. Tot ist Marketing vielleicht nicht, aber seine Rolle verschiebt sich. Wenn Kunden nun selbst untereinander diskutieren, ob eine Digitalkamera gut oder schlecht ist, wird ein Plakat welches sagt „Diese Kamera ist gut" weniger und die tatsächliche Qualität der Kamera mehr Gewicht haben.

Zu der Entwicklung in Bezug auf eine gezieltere, informiertere Auswahl der konsumierten Produkte gesellt sich der langsam einsetzenden Trend nach weniger, aber dafür wohl ausgewähltem Besitz, der mit dem Angebot von immer mehr Nischen- und Individualprodukten einhergeht. So ist derzeit kein Ende der anhaltenden Ausdifferenzierung aller Produktkategorien in Sicht.

ERFINDEN HEUTE

Was aber ändert sich durch die gewandelten Gegebenheiten bei Produktion und Konsum an dem Erfinden von Produkten? Alles! Es macht eben einen Unterschied, ob man das erste Deodorant der Welt erfindet oder ob man das hunderterste Deodorant erfinden muss – welches dann auch vom Konsumenten aus dem mannshohen Regal im Drogeriemarkt ausgewählt werden will.

So galt es bei der Erfindung des ersten schweißhemmenden Deos 1830 vor allem technische Hürden zu überwinden. Der *Technik* galt das Augenmerk, hier wurde die Zeit investiert: Man hatte gerade erst die Schweißdrüsen entdeckt. Jetzt stellte sich die Frage, mit welcher Chemikalie die Schweißproduktion reduziert werden könnte – und das Finden von Lösungsmöglichkeiten konnte beginnen. Ein Großteil aller Erfindungen des 19. und 20. Jahrhunderts war getrieben von der Suche nach den Möglichkeiten der Technik. Ob Dampfmaschine, Telefon, Radio oder Fernseher: Immer war das (Er-)Finden einer technischen Möglichkeit die Geburtsstunde des Produkts.

Im Jahr 2014 sind die Möglichkeiten, die uns die Technik bietet, unüberschaubar vielfältig geworden. Überlegen Sie kurz: Fällt Ihnen – abgesehen vom Beamen – spontan etwas ein, das technisch nicht machbar wäre? Schwierig. Es gibt fliegende Autos; Autos, die ohne Benzin fahren; Pfannen, in denen nichts anbrennt; Router, die sich selbst konfigurieren. Heute haben wir es mit einer ganz anderen Hürde zu tun: der *Aufnahmefähigkeit* der Menschen, was Neues angeht. Warum ausgerechnet Deo Nr. 101 aus dem Regal nehmen? Warum jetzt ausgerechnet noch beim x-ten sozialen Netzwerk mitmachen? Selbst geniale neue Produkte, zum Beispiel Car-Sharing, brauchen Jahre, um auch nur einen Bruchteil ihrer potenziellen Kundengruppe zu erreichen.

Der Grund hierfür ist klar: Viele naheliegende Bedürfnisse sind heute befriedigt. Dem Bedürfnis nach Mobilität wird heute mit Flugzeugen, öffentlichem Nahverkehr und Videokonferenzen viel mehr entsprochen als noch vor 100 Jahren. Auch die Deos sind ganz okay. Und so muss man heute sehr genau hinschauen, um die verborgenen, tiefer liegenden Bedürfnisse zu entdecken, mit deren Erfüllung noch ein echter, geldwerter Mehrwert für Kunden geschaffen werden kann.

Aber es passiert noch ab und an, dass aus kleinen, zunächst nebensächlichen Beobachtungen plötzlich unglaubliche Produkte entstehen. Stellen Sie sich vor, Sie kommen nach der Arbeit nach Hause, haben richtig gute Laune und drehen ihren Song des Monats voll auf. Richtig schön laut. Jetzt wird Ihre Laune dermaßen gut, dass Sie beschließen, Ihren inzwischen angestaubten Neujahrsvorsatz anzugehen und eine Runde zu joggen. Sie binden sich die noch jungfräulichen Laufschuhe, während Sie immer noch im Takt der Musik wippen. Sie öffnen die Haustür, die Sonne strahlt Ihnen entgegen. Doch in dem Moment, in dem Sie die Tür hinter sich schließen, ist die Musik weg! Willkommen in den Siebzigern! Der tragbare Kassettenspieler wird erst 1979 erfunden, genau aus der scharfen Beobachtung dieser damals noch unterschwelligen Frustration heraus. Die Technologie war übrigens damals das kleinere Problem und schon 15 Jahre alt. Nicht das Erfinden der Technik, sondern das Finden wahrer Bedürfnisse war hier der Weg zum Erfolg. Um auch mit Deo Nr. 101 erfolgreich zu sein, um also die „Hürde Mensch" zu nehmen, bedarf es der präzisen Kenntnis, warum wer wohin ins Regal greift beziehungsweise greifen würde. Die zentrale Frage einer Erfindung lautet also immer weniger „Wie kriegen wir das hin?" und immer mehr „Was wird gebraucht oder geliebt?"

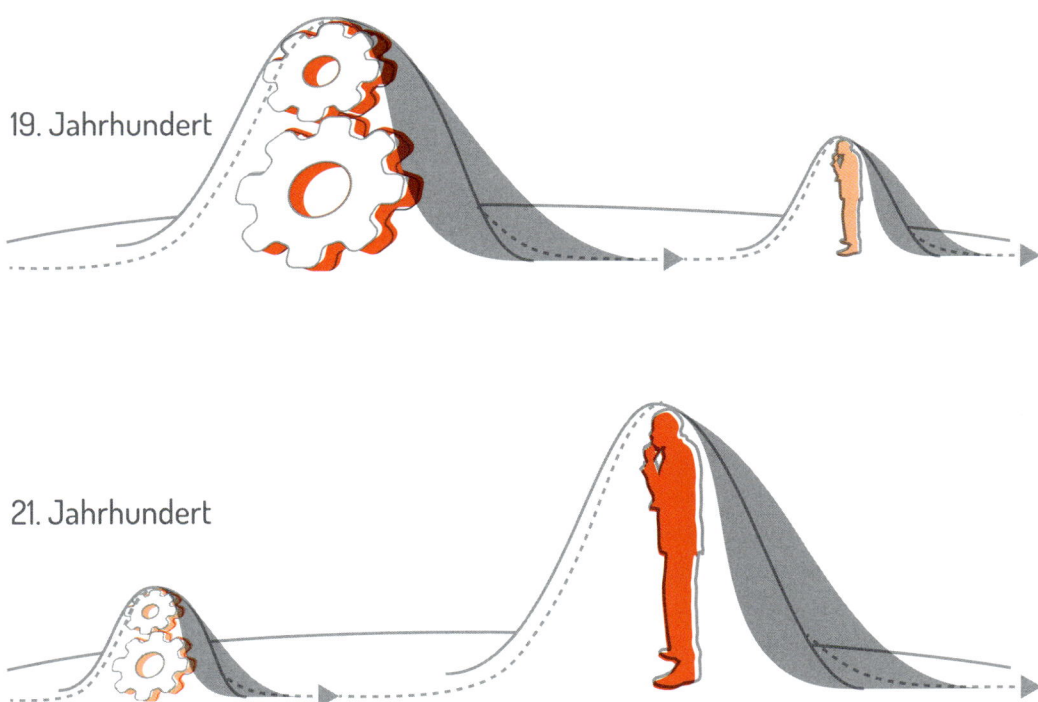

19. Jahrhundert

21. Jahrhundert

So gleicht Erfinden heute mehr denn je der Aufgabe, ein passendes Geschenk für jemanden zu finden, zum Bespiel ein Geburtstagsgeschenk für einen guten Freund: Etwas, das ein wahres, vielleicht sogar unterbewusstes Bedürfnis des Beschenkten trifft, aber gleichzeitig überrascht. Etwas, das glaubhaft von Ihnen kommt – von ganzem Herzen, und dem Beschenkten direkt beim Auspacken ein „Wow!" entlockt. Aber auch etwas, das Sie noch vor dem Geburtstag besorgen können und für Sie erschwinglich ist. Kurzum: ein gutes Geschenk!

Allerdings werden wir jährlich am 24. Dezember mit der Einsicht konfrontiert: Geschenke zu finden ist nicht einfach. Und gute Geschenke zu finden noch viel schwieriger. Ein Rezept hierfür gibt es nicht und Glück spielt sicher auch eine Rolle. Aber gibt es da keinen besseren Tipp? Nun ja, eine Voraussetzung für ein gutes Geschenk steht sicherlich fest: Sie sollten den Beschenkten kennen! Das ist so trivial wie wahr. Nennen wir den zu Beschenkenden Peter, er hat heute Geburtstag. Welche Vorlieben hat Peter? Was tut er tagsüber und was am Abend: Lieber Couch oder lieber Kino – oder steht er am liebsten in der Küche? Aha, er kocht gerne! Aber ein Schneidebrett hat er schon und der Messerblock ist ebenfalls komplett bestückt … Dann heißt es weiterdenken. Er kocht nie alleine, mindestens mit dem Partner, meist aber mit guten Freunden. Aber, Moment mal, bei mehr als vier Personen fehlen doch immer Weingläser – dabei legt er doch so viel Wert auf Stil und Etikette! Tada, die Idee ist geboren, und nun könnten Sie ins nächste Kaufhaus einkehren, vier schöne Weingläser kaufen und abends mit einem tollen Geschenk auftrumpfen.

Im Unternehmen ist das mit dem Geschenkemachen noch etwas schwerer. Manchmal gelingt es – man denke nur an die Revolutionen auf dem Smartphone-Markt Mitte der Nullerjahre – und trotzdem liegt der Anteil der Produktneueinführungen, welche innerhalb von zwei Jahren mangels Kundenakzeptanz vom Markt genommen werden müssen, heute zwischen 30 und 50 Prozent, je nach Quelle. Die Wahrscheinlichkeit, dass sich Deo Nr. 101 trotz intensiver Marktforschung am Markt hält, ist also gering. Die tradierten und etablierten Innovationsansätze sind eben nicht dafür ausgelegt, Geschenke zu machen.

Andere Zeiten – andere Hürden. Wo es früher galt, technische Hürden zu meistern, entscheidet heute oft das Kundenverständnis über den Erfolg einer Innovation.

ERFINDEN MORGEN: CO-CREATION, LEAN STARTUP UND DESIGN THINKING

Neue Innovationsansätze legen vermehrt den Fokus darauf, echte Nähe zum Kunden zu schaffen. So ist Kundennähe durch Kundenintegration oder -partizipation ein klarer Trend, der sich heute in einer Vielzahl von Innovationsansätzen zeigt und sich wohl am radikalsten im *Co-Creation-Ansatz* widerspiegelt.

Die Grundidee dieses Ansatzes ist es, dem Kunden die Erfindung seines Produkts so weit wie möglich selbst zu überlassen. So möchte man das verlustbehaftete Übersetzen seiner Bedürfnisse in Produkte durch die Marktforschung und andere Unternehmensbereiche umgehen. Co-Creation-Projekte liefern so „unverwässerte" und vergleichsweise konkrete Produktideen. In den Co-Creation-Labs großer Unternehmen erfinden Kunden, unterstützt durch professionelle Designer, ihre idealen Turnschuh-Looks, Armaturenbretter und Navigationsgeräte. Dem Unternehmen verbleibt die Aufgabe der Weiterentwicklung des Prototypen zum serienfähigen Produkt sowie dessen Produktion und Vermarktung. Das Erfinden wird zur Aufgabe des Kunden. Peter, der Beschenkte, sagt jetzt also selbst, dass er sich vier neue Weingläser wünscht. Und das Co-Creation-Lab hilft ihm vorab beim Nachdenken.

Ein gänzlich anderes Prinzip, um Kundennähe zu schaffen, ist das *iterative* oder *experimentelle Vorgehen* beim Entwickeln von Produkten, welches zum Beispiel auch Grundprinzip des Lean-Startup-Ansatzes ist. Hier werden Kunden zunächst jedoch nicht, oder nur sehr indirekt eingebunden. Vielmehr geht es darum, eine große Anzahl verschiedener Testprodukte zu schaffen und schrittweise deren Akzeptanz durch die Kunden zu messen. Die erfolgreichen Produktkandidaten werden anschließend weiter variiert, um noch näher an das Ideal aus Kundensicht heranzukommen. Peter bekommt also einfach 100 Geschenke zugeschickt: Töpfe, Stühle, Fußabtreter, Gläser et cetera. Nun wird geschaut, welches ihm am besten gefällt. Sind es die Gläser, dann werden in der nächsten Woche 50 verschiedene Gläser geliefert: Biergläser, Wassergläser, Weingläser … Der Beschenkte behält am Ende die Weingläser. Auch so lässt sich die Aufgabe lösen, ein passendes Geschenk zu finden.

Mehr zum Thema Co-Creation:
management-y.de/co-creation

Die tradierten und etablierten Innovationsansätze sind nicht dafür ausgelegt, **Geschenke** zu machen.

Co-Creation und Lean Startup verbindet in gewisser Weise der Ansatz des *Design Thinking*. Wie Co-Creation ist auch Design Thinking ein Weg, den Kunden direkt in den Produktentwicklungsprozess einzubinden, ihn partizipieren zu lassen. Mit dem Lean-Startup-Ansatz hingegen teilt Design Thinking das iterative, experimentelle Vorgehen.

Mehr zum Thema Design Thinking: management-y.de/ design-thinking

DESIGN THINKING: DAS PRINZIP KUNDENNÄHE

Zunächst zur Kundennähe durch Kundenintegration: Der Kunde nimmt im Design Thinking eine aktive Rolle bei der Erfindung „seines" Produkts ein. Im Unterschied zu Co-Creation trägt er jedoch keine Produktideen bei, sondern bringt lediglich seine Bedürfnisse bezogen auf ein Produkt und dessen Kontext im Produktentwicklungsprozess zum Ausdruck. So bleibt die Klärung der Frage, *wie* ein Bedürfnis befriedigt wird, wie also das konkrete Produkt aussehen soll, beim Design Thinking dem Produktteam überlassen.

Durch diese „professionelle" Lösungsfindung werden ungewöhnlichere, mehr um die Ecke gedachte und smartere Lösungen wahrscheinlicher und das Lösen komplexer Aufgaben überhaupt erst möglich. Zum Beispiel Aufgaben, bei denen teilweise gegensätzliche Bedürfnisse verschiedener Interessenhalter unter einen Hut gebracht werden müssen. Denken Sie zum Beispiel an die Beschleunigung des Security-Checks an Flughäfen. Hier prallt das Bedürfnis des Sicherheitspersonals (Ruhe und Zeit für ordentliche Kontrollen ohne Hektik) mit dem Bedürfnis der Reisenden (geringe Wartezeiten, kein lästiges „Ausziehen") aufeinander. Auf welches der beiden Bedürfnisse geht man hier nun ein? Auf beide! Es muss nur einen „unparteiischen" Dritten geben, der alle Bedürfnis-Sets abstrahiert, abwägt, verheiratet und dann das Produkt definiert: das *Design-Thinking-Team*.

Die Tatsache, dass im Design Thinking ein übergeordnetes Team und nicht etwa die Kunden selbst ihr Produkt definieren, hat aber auch Nachteile. Denn im Vergleich zu konkreten Produktideen bieten abstrakte Bedürfnisse mehr Interpretationsraum und somit mehr Platz für clevere Lösungen … aber auch mehr Platz für Fehlinterpretationen. Kundenbedürfnisse sind oft diffus und teilweise schwer artikulierbar. So nimmt das Aufspüren, Analysieren und Zusammenführen dieser Bedürfnisse einen erheblichen Teil der Zeit in einem Design-Thinking-Projekt in Anspruch. Manchmal sind es drei Monate – ebenso lange, wie es gedauert hat, den Beschenkten Peter und seine Vorliebe für Stil und Etikette kennenzulernen. Zum Vergleich: In einem Co-Creation-Projekt würden jetzt schon die ersten anfassbaren Prototypen aus dem 3D-Drucker purzeln: Turnschuhe, Schreibutensilien, Thermoskannen … Dinge, die dem homogenen Bedürfnis einer Zielgruppe gerecht werden – aber eben keine Modelle für beschleunigte Security-Checks, bei denen sich die Bedürfnisse der beteiligten Parteien schlichtweg widersprechen.

Bei der Kundenintegration setzt Design Thinking auf ein einfaches, aber altes und deswegen vielleicht etwas vernachlässigtes Prinzip: die *Empathie*. Also auf die Fähigkeit des Menschen, sich in andere hineinzuversetzen; mitfühlen zu können, obwohl man sich selbst in einer ganz anderen Gefühlslage befindet. Empathie ist eine starke Grundlage für Intuition. Die jahrelange Interaktion mit Ihren besten Freunden ermöglicht Ihnen, intuitiv bessere Entscheidungen zu fällen, die diese Freunde betreffen. Ein paar Weingläser zum Geburtstag? „Nein, niemals!", werden Sie vielleicht spontan sagen – und diese intuitive Entscheidung aus dem Bauch heraus wird höchstwahrscheinlich richtig sein, obwohl der Sachverhalt, warum Ihr Freund keine Weingläser gebrauchen kann, womöglich recht komplex und undurchsichtig ist. Falls Ihr Kunde noch kein guter Freund ist, ändern Sie das. Nehmen wir doch wieder das Deo-Beispiel: Ihre Aufgabe ist, *das* nächste große Ding in Sachen Deo für Jugendliche zwischen 14 und 18 Jahren zu erfinden. Wie lernen Sie Ihre Kunden kennen und verstehen? Welches wäre ein geeigneter Ort und eine passende Zeit zum Kennenlernen? Als Einstieg sind öffentliche Orte, an denen gewartet wird, immer gut. Jugendliche warten nachmittags an Haltestellen oder abends am Kino. Etwas näher am Themenkontext könnte das Freibad im Sommer sein. Die Schlange an der dortigen Kasse dürfte bei gutem Wetter und nach Schulschluss Interviewpartner für mehrere Notizblöcke bereithalten. (Diese sollten Sie aber erst zücken, wenn das Gespräch schon im Gange ist und mit etwas Small-Talk einer Verhör-Atmosphäre vorgebeugt wurde). Interessant wäre auch eine Clique Mädels nach dem Fußballtraining oder vier Jungs bei Shoppen in der Mall. Gerade innerhalb dieser Gruppen entstehen bei Interviews sehr schnell fruchtbare Diskussionen. Freuen Sie sich auf die Gespräche, haben Sie Spaß und seien Sie neugierig. „Ah, interessant! Warum ist das so?"-Fragen fördern die erstaunlichsten Erkenntnisse zutage. Tatsächlich reden Menschen, wenn einmal das Eis gebrochen ist und das Gegenüber aufmerksam zuhört, sehr gerne über sich. Und noch lieber über Dinge, die sie lieben, und Dinge, die sie stören. Und nach 20 Minuten versteht man sich schon so gut, dass es fast schade ist, das kurzweilige Gespräch schon wieder beenden zu müssen, weil ja die Kumpels im Freibad warten. Die Ausbildung der Empathie, dieses „Bauchgefühls" der Produktverantwortlichen für die Zielgruppe, ist eines der drei Prinzipien, die Design Thinking unter den heutigen Umständen so tauglich dafür machen, kundenrelevante Produkte zu schaffen.

Mehr zum Thema
Tiefeninterview:
management-y.de/
tiefeninterview

DAS PRINZIP ITERATION

So wichtig Empathie für die Zielgruppe auch ist: In der Realität wird dieses Wissen und Kennen allein nicht ausreichen, um einen flopsicheren Produkthit zu landen. Zumindest nicht im ersten Anlauf. Deswegen ist das zweite wichtige Prinzip im Design Thinking die *Iteration*. Ähnlich zum Lean-Startup-Ansatz geht es auch hierbei um die *experimentelle* und *schrittweise Annäherung* an ein gutes Produkt, um es maximal bedarfsgerecht und auf den Punkt zu erfinden.

Führen Sie sich noch mal das Beispiel mit den testweise verschenkten Gläsern vor Augen. Stellen Sie sich vor, Sie schenken Ihrem guten Freund die besagten Weingläser und er freut sich: Ein gutes Geschenk! Jetzt hätten Sie aber die Möglichkeit, in Ruhe mit ihm über die guten und schlechten Aspekte dieser Gläser zu sprechen und auf Grundlage dieses Feedbacks nochmals passendere Gläser zu schenken. Und nach einer Woche des Gebrauchs würden Sie nochmal gemeinsam vor den Gläsern sitzen und diskutieren: Wie müsste das perfekte Weinglas beschaffen sein? Nach drei oder vier solcher Iteration würde es Ihnen wahrscheinlich schwerfallen, noch weitere Verbesserungspotenziale zu finden. Ihr Freund wäre wunschlos glücklich. Und plötzlich: Beim Einräumen der Weingläser in den Schrank beobachten Sie, dass der Durchmesser der Gläser minimal zu groß ist, um alle vier Gläser hintereinander zu stellen, eines steht immer etwas verloren an der Seite. Und so machen Sie sich auf den Weg, um das nächste Set Weingläser zu besorgen. Es gibt so viel zu lernen …

Nach so viel Gefrage hält Sie Ihr Freund wahrscheinlich für seltsam, Ihre Kunden aber für überaus engagiert und zielstrebig. In der Praxis liegen die Tücken eher auf Ihrer Seite: Woher sollen Zeit, Geld und Geduld kommen, um ein Produkt nicht einmal, sondern fünfmal zu launchen?

Mehr zum Thema Minimum Viable Product (MVP):

management-y.de/mvp

„Prototyping statt Launchen" wäre hier die triviale Antwort. Nur dass Prototypen im Design Thinking nicht so überzeugend wie möglich, sondern so überzeugend wie *nötig* sein sollten. Ähnlichem dem *Minimum Viable Product* (MVP) im Lean-Startup-Ansatz gilt es also, radikal auszumisten. Der Prototyp verkörpert ausschließlich Aspekte, die es zu testen gilt, der Rest wird eingespart. Geht es bei einem Turnschuh-Prototypen allein um das Aussehen, kann für den Test das gesamte Innenleben des Schuhs weggelassen werden. Um die Kundenakzeptanz eines Pizza-Lieferservice für den Arbeitsplatz prototypisch zu testen, braucht es keinen eigenen Pizzabäcker und keine ausgeklügelte Lieferkette: Eine Tiefkühlpizza und ein Taxi reichen aus, um herauszufinden, dass die Idee nicht funktioniert, weil man als Pizzabote ohne Konzernausweis noch nicht einmal in das Gebäude des Bestellers kommt. So können Sie mit zwei Kollegen an drei Tagen die Kundenakzeptanz von fünf verschiedenen Lieferdienst-Modellen testen. Geld und Zeit, welches man durch das Nicht-Ausarbeiten der B2B-Pizzalieferservice-Idee gespart hat, kann man jetzt in die beste der vier anderen Ideen stecken. Das heißt natürlich, dass man zunächst auch fünf gute Ideen haben muss, die es zu testen lohnt …

DAS PRINZIP LÖSUNGSOFFENHEIT

So kommt im Design Thinking das dritte Prinzip *Lösungsoffenheit* zum Tragen, welches weder im Lean Startup noch im Co-Creation-Ansatz explizit eine Rolle spielt. Damit die besten Ihrer Ideen auch gute Ideen sind, liegt es nahe, die Auswahl an Ideen vorerst möglichst groß zu machen. Denn die cleverste

Idee ist oft nicht die erste, sondern vielleicht die fünfzigste. Und 50 Ideen hat man nur, wenn man möglichst breit sucht. „Wie sieht ein Pizza-Lieferdienst für den Arbeitsplatz aus?" ist nett, aber 50 Ideen hierzu sind ambitioniert. Interessanter wäre die offenere Frage: Wie können wir Arbeitnehmern helfen, auch in knappen Mittagspausen warm zu essen? Eine Idee wäre dann, eine ganz neue Generation von Do-it-yourself-Küchen für Büros zu vermieten oder Pizzaschachteln mit durch Wasser aktivierbare Heatpacks der US Army zu versehen. Also Ideen, die bei der ersten Frage gar nicht aufgekommen wären.

Auch wenn klar ist, dass die Heatpack-Idee bei der nächstbesten Gelegenheit aussortiert wird, ist sie doch eine mächtige, weil sie eine Inspiration für weitere Ideen darstellt. Immerhin öffnet sie einen ganz neuen Suchbereich, nämlich das Lieferproblem durch die Verpackung an sich zu lösen. Die „Tiefkühlpizza 2.0" lugt hier schon um die Ecke. So sind schnell die 50 Ideen beisammen und die Wahrscheinlichkeit steigt, dass sich hierunter auch erfolgversprechendere Kandidaten befinden.

Diese Lösungsoffenheit zu fördern heißt aber auch, bestehende Annahmen zu hinterfragen – oder am besten gar keine zu haben. „Heatpacks sind zu teuer": Wenn es darum geht, wirklich neue Ideen zu entwickeln, sind solche Aussagen nicht zu gebrauchen; allenfalls später bei der Ideenbeurteilung. Deswegen sollten Sie auch keine fünf Pizza-Auslieferer mit der Lösung dieser Aufgabe betrauen. Sicher würden hier tolle Ideen für bessere Warmhalte-Boxen oder Routenplaner resultieren, das Aufkommen der Heatpack-Idee wäre aber unwahrscheinlicher. So ist es im Design Thinking üblich, sich zwar intensiv mit Experten des zur Diskussion stehenden Themas auszutauschen, diesen jedoch nicht das Lösen des Problems zu überlassen.

Ähnliches trifft übrigens auch auf die Einbeziehung der Kunden zu. Über herrschende Bedürfnisse, Probleme und Vorlieben kann man von ihnen mehr lernen als von jedem anderen. Deswegen spielen diese Informationen im Design Thinking auch eine zentrale Rolle. Weniger relevant wiederum sind konkrete Lösungsideen, welche von Kunden formuliert werden. Vor diesen warnt auch Henry Ford in seinem inzwischen sehr populär gewordenen Zitat:

> Wenn ich die Menschen gefragt hätte, was sie wollen, hätten sie gesagt: schnellere Pferde.

Gerade beim „Neudenken" sehr komplexer Themen, wie etwa Mobilität oder Versicherungsmodelle für Krankenkassen, fällt es Kunden oft schwer, progressiv vorauszudenken und gewohnte Denkpfade zu verlassen. Klar, für die vielleicht 1600 Stunden Denkarbeit, die ein Team in solch eine Lösung investiert, müsste ein einzelner Kunde den zusammengenommenen Urlaub von 10 Jahren opfern. Dies werden viele Kunden nicht tun. Doch kann man ihnen das verübeln? „Es ist nicht die Aufgabe des Kunden, zu wissen, was er will", formulierte es einst Steve Jobs, der ja noch immer recht hatte. Und es stimmt. Niemand hat sich vorab eine schwarze Fläche zum Darüberwischen oder einen Kassettenspieler für die Hosentasche gewünscht. Aber alle haben diese Produkte gekauft, als es sie plötzlich gab. Und alle haben sie geliebt. Deswegen braucht es entweder ein einzelnes Genie, das einfach spürt, was Kunden lieben werden. Oder ein Team normaler Menschen nimmt sich eben mehrere Wochen Zeit, um eine Kundengruppe kennen und verstehen zu lernen, um sich in genau die Ideen verlieben zu können, in die sich auch die Kunden verlieben würden. Und um dann 1600 Stunden lang nach genau dieser Idee zu suchen.

Zusammengefasst: Kundennahes, iteratives und lösungsoffenes Vorgehen macht das Finden eines gelungenen Produktes wahrscheinlicher. Im Design Thinking heißt das: Bestehende Annahmen hinterfragen und verwerfen. Mit einem weißen Blatt Papier starten. Menschen kennenlernen, Bedürfnisse und Probleme verstehen. Unmöglichste Lösungen weiterdenken. In reduzierte Prototypen übersetzen. Testen, Diskutieren, Iterieren … bis der erste Kunde den Prototyp nicht mehr aus der Hand gibt.

ERFINDERGEIST UND ERFINDERKULTUR

Ja, die Prinzipien Kundennähe, Iteration und Lösungsoffenheit sind alte Bekannte für jeden, der sich innerhalb der letzten Jahrzehnte mit Produktentwicklung auseinandergesetzt hat. Umso erstaunlicher ist die Erkenntnis, dass diese Prinzipien in der betrieblichen Routine nur selten zu beobachten sind. Wäre dies anders, würden Sie wahrscheinlich gerade dieses Buch nicht lesen.

Wo liegt das Problem? Im Unterschied zu Ihnen und Ihrem Geschenk für Peter kann ein Unternehmen nicht in den Laden laufen, um sich hier ein zur Idee passendes Produkt zu kaufen, und dies dann abends schon seinen Kunden präsentieren. Typischerweise muss für den Launch eines neuen Produktes eine riesige Maschinerie angeworfen werden. Die Bereiche Marketing, Produktion, Vertrieb, Recht und Produktstrategie müssen gebrieft, eingebunden und überzeugt werden, um ihre Zahnräder in Gang zu bringen. In internationalen Konzernen muss auch gerne mal von Übersee grünes Licht gegeben oder Leistungen von gerade ausgegliederten Bereichen wieder dazugekauft werden. Und überhaupt: Weiß der Betriebsrat Bescheid und hat die Marktforschung schon die Zahlen parat? Die Gruppe an Menschen, welche in die Bereitstellung eines Produktes involviert sind und hierbei Entscheidungen treffen, ist zu groß. Und zu zerstückelt.

Dies führt zum einen dazu, dass der Weg eines Produktes bis zu dessen Launch typischerweise sequenziell verläuft. So legt zum Beispiel das Portfoliomanagement den strategischen Beschluss fest, dass ein Deo für pubertierende Teenager lanciert werden soll. Die Markforschung erhebt hierzu einen Katalog an Kundenbedürfnissen. Auf Grundlage dieses Kataloges rührt die Produktentwicklung ein paar neue Features für das Deo zusammen und anschließend bastelt das Marketing eine Kampagne drum herum. Das Problem ist aber nicht die Reihenfolge, sondern das grundsätzliche Hintereinanderreihen dieser Schritte. Stellen Sie sich vor, ein Test der Marketingkampagne deckt ein nur mittelmäßiges Kundeninteresse an dem Produkt als solches auf. Welches sind die zwei wahrscheinlichen Szenarien?

- *Szenario 1*: An der Kampagne wird so lange gefeilt, bis das Budget oder die Zeit verbraucht ist. In die Anpassung des Produktes werden keine Ressourcen gesteckt. Und trotz einer großen Kampagnenreichweite schlägt das Deo nicht so richtig ein, es ist eben ein mittelmäßiges Produkt.

- *Szenario 2*: Das Projekt wird aufgrund geringer Erfolgschancen direkt nach dem Test eingestampft, das Produkt erscheint erst gar nicht auf dem Markt.

Ein Szenario, in dem der negative Test dazu führt, dass die Produkteigenschaften überarbeitet werden und hierzu gar abermals die Kundenbedürfnisse analysiert werden, um dann doch noch ein gutes Produkt zu launchen, ist selten zu beobachten. Der Koordinationsaufwand einer solchen Iteration wäre in Anbetracht der vielen involvierten Unternehmensbereiche einfach zu groß. Allein das Finden gemeinsamer Meetingtermine würde Monate dauern. Die funktionale Trennung produktrelevanter Unternehmensbereiche erschwert ein *iteratives Vorgehen* somit grundsätzlich.

Auch die Umsetzung des Prinzips *Kundennähe* wird durch die Größe und Zerstückung der Gruppe involvierter Abteilungen erschwert. So sind meist die Unternehmensbereiche, die Wissen, Erkenntnisse und Beobachtungen von und über Kunden sammeln, nicht diejenigen, die dieses Wissen für die Produktentwicklung nutzen. Unter Umständen haben die Kollegen, welche die Entscheidung zwischen Deo-Spray oder -Roller treffen, mit keinem einzigen Vertreter der Zielgruppe, etwa jungen Fußballern, gesprochen. Vielleicht wurde die Frage vorab von der Marktforschung erörtert: „78,4 % aller Männer zwischen 16 und 19 Jahren bevorzugen Spray." Dass das aber an dem lauten Zisch-Geräusch liegt, was diese Kundengruppe instinktiv mit Duschen und dem entsprechenden Frischegefühl verbindet, das stand nicht in dem Foliensatz der Marktforschung. Und so entgeht der Produktentwicklung ein interessantes Detail, welches vielleicht wirklich das Potenzial hätte, ein relevantes neuartiges Produkt zu schaffen. Teile dieser Details und dieses Kontextwissens gehen bei der Übergabe von Bereich zu Bereich oder von Mensch zu Mensch immer verloren. Je mehr Übergaben, je mehr Foliensätze, desto problematischer. Kundennähe ist durch nichts zu ersetzen.

Ein drittes Problem ist die lange Reaktionszeit dieser sequenziellen Entwicklungsweise. Denn während die Maschinerie langsam in Gang kommt und das brandneue Deo für Teenager tatsächlich im Regal steht, prägen schon wieder die nächsten Trends und Kundenbedürfnisse die Marktchancen und -risiken. Klar, die vielen beteiligten Unternehmensbereiche und der langwierige Auswahl- und Abstimmungsprozess führen vielleicht zu einem gut geplanten und potenziellen „Game Changer", dem Deo Nr. 101. Nur kann das vorgesehene „Killer Feature", sagen wir mal, der Glitzereffekt, ideal für das Räkeln am Strand, inzwischen schon wieder komplett an den herrschenden Kundenbedürfnissen vorbeizielen. Sonnenbaden könnte inzwischen „das Letzte" sein…

Diese Probleme haben inzwischen viele Unternehmen erkannt. Das neue Ziel: Mehr Agilität in der Produktentwicklung, um schnelllebige Marktchancen nutzen zu können. Das dazugehörige Paradigma: Kompaktere Teams mit größerer Handlungsbefugnis und Produktverantwortung. Das heißt: Die Marktgegebenheiten und Kundenbedürfnisse *erheben* und *verarbeiten* … aus einer Hand! Die Kollegen, die sich persönlich mit Kunden auseinandergesetzt haben, sind auch diejenigen, die die Produktidee formulieren, diese testen, die Testergebnisse beurteilen und die Umsetzung des Produktes koordinieren. Vom ersten Kundeninterview bis zum finalen Launch.

Um gerade diesen multidisziplinären kleinen Teams das Umsetzen innovationsförderlicher Prinzipien zu vereinfachen, umfassen neue Innovationsansätze wie das Design Thinking nicht nur Methoden und Tools, sondern auch „arbeitskulturelle Empfehlungen". Diese Empfehlungen unterstützen den Aufbau einer Innovationskultur auf Teamebene. Design Thinking sieht hier Empfehlungen zum Teamaufbau, der Arbeitsumgebung sowie dem Gestalten von Tagesabläufen oder Ritualen vor.

Zum Teamaufbau: Insbesondere der Lösungsoffenheit ist es sehr zuträglich, wenn Projektteams nur zum kleinstmöglichen Anteil aus Personen bestehen, die sich mit dem zu bearbeitenden Thema auskennen. Also: Keine Experten! Stattdessen Vertreter möglichst unterschiedlicher, gerne auch sehr themenfremder Fachbereiche integrieren. Die Unerfahrenheit von Fachfremden hilft zunächst, Annahmen zu hinterfragen und Fragen zu stellen, die Experten längst für endgültig beantwortet halten. Zudem kann die Anwesenheit verschiedener Disziplinen, darunter Designer, Psychologen, Ingenieure oder Philosophen oder auch anderer Erfahrungsniveaus wie Maschinisten oder Meister, zum Verständnis komplexer Probleme beitragen. Um ein Team zu formen, dessen Mitglieder einander verstehen, kann eine Besetzung mit sogenannten

Mehr zum Thema
T-shaped People:

management-y.de/
t-shaped

„T-shaped People" vorteilhaft sein. Diese decken neben ihrer Kernkompetenz ein breites Spektrum von Teilkompetenzen ab, was die Kollaboration zwischen verschiedenen Disziplinen erleichtert. Die im Design Thinking verordnete Hierarchiefreiheit und die daraus resultierende Gleichstellung aller Teammitglieder fördert das Gleichgewicht der Wortbeiträge, mindert soziale Spannungen und fördert, dass echte Fehlertoleranz entsteht.

Zur Arbeitsumgebung: Vielleicht kennen Sie den unverkennbaren „Kindergarten-Look", den Projekträume von Design-Thinking-Teams häufig aufweisen: Die Räume sind tapeziert mit Post-its und Nahaufnahmen von Gesichtern und Dingen. Whiteboards zeigen die obligatorischen 2x2-Matrizen, Venn- und Ablaufdiagramme in allen Farben, in denen es Boardmarker gibt. Wer sich tagelang im Alltag von Kunden aufhält, der hat viel zu erzählen. Diese Eindrücke hält das Design-Thinking-Team über die gesamte Projektlaufzeit an den Wänden des Projektraums fest. Porträts und Kundenmeinungen in Fingerzeig-Reichweite erleichtern das Referenzieren während der Teamdiskussionen. Zudem trägt der spielerische Look der Räumlichkeiten dazu bei, auch Projektbelange spielerischer, experimentierfreudiger und ergebnisoffener anzugehen und die gewohnten konvergenten Business-Heuristiken einmal außen vor zu lassen.

Das Berücksichtigen solcher Empfehlungen verhilft Teams zu einer Arbeitskultur und -atmosphäre, in der das iterative, kundennahe und lösungsoffene Arbeiten selbstverständlich wird. Und das relativ schnell. Meist sind in gemischten Design-Thinking-Teams Erfahrene und Unerfahrene schon nach zwei bis drei Wochen in ihrer Arbeitsweise kaum auseinanderzuhalten.

VOM PROJEKT ZUM PRODUKT

Viele Unternehmen experimentieren nun mit dem Aufsetzen solcher agilen Teams. Typischerweise werden solche Teams aus vier bis sechs Vertretern von möglichst allen Funktionsbereichen (Marktforschung, Marketing, Produktlinien et cetera) gebildet, die für die Entscheidung über einen Produktlaunch notwendig sind. Hinzu kommen meist ein bis zwei Mitarbeiter aus dem Innovationsmanagement oder ähnlichen Bereichen, die zwar keine entscheidungs-relevanten Funktionen vertreten, aber häufig mehreren solcher Projekte ange-hören und so eine gewisse Expertise hinsichtlich der verwendeten Methoden, Tools und Prozesse mitbringen.

Das Team klinkt sich, um der Grundidee der ganzen Sache treu zu bleiben, aus den meisten bestehenden Review-Prozessen, Entscheidungsmodi und Be-richtspflichten des Unternehmens aus. Das Team tut und lässt, was es will, hie-rarchische Gefälle sind unüblich. Mit dieser Freiheit gehen Teams unterschied-lich um, aber grundsätzlich sind zwei Taktiken erkennbar.

Da wäre zum einen die alte U-Boot-Taktik: Sich möglichst lange und voll-ständig von seinem Unternehmen (Räumlichkeiten, Werte, Prozesse et cetera) abzukapseln, um dann mit einem möglichst ausgereiften Produkt wieder auf-zutauchen. Dieser Ansatz tut der Ergebnisqualität natürlich gut, man konnte kompromisslos und befreit von vielen Zwängen und Interessen ein aus Kun-densicht optimales Produkt schaffen. Oft sind es dann aber Details, die das Projektergebnis gefährden: Hier ein vernachlässigter Aspekt des Datenschut-zes, dort das übersehene Kannibalisierungspotenzial gegenüber einem un-ternehmensstrategisch wichtigen Produkt. Und ja, sogar persönliche Belange entscheidungsbefugter Kollegen können einem guten Produkt im Weg stehen.

Viele erfolgreichere Teams machen es daher anders und wählen eine offensi-vere Taktik: Mit dem gleichen Mindset und den gleichen Methoden, mit denen Kundenbedürfnisse verstanden und adressiert werden, werden auch im eige-nen Unternehmen Interessen, Ängste und Bedürfnisse identifiziert. Ständig werden relevante Personen einbezogen, was durch die per se gute Vernetzung des Teams oft nicht schwerfällt. Dies passiert dabei nicht im formellen Mee-ting, sondern im Tun. Und das von Tag eins an. Entscheider werden in die Kundeninterviews einbezogen und die Schlüsse daraus gemeinsam gezogen. Hier kann ein halber Tag schon Wunder wirken. Mit all diesem frühen Input von Unternehmensseite mag das resultierende Produkt vielleicht nicht zu 100 Prozent den Vorstellungen des Teams entsprechen. Aber 80 Prozent sind auch viel, wenn es so dann tatsächlich in den Regalen steht.

Generell stellt sich das mit dem Regal aber oft noch als Problem heraus, meist scheitern die Teams an der zur Deadline fälligen Go-/No-Go-Entscheidung, unabhängig von der verfolgten Taktik. So drastisch wird es oft nicht ausgedrückt, man hört eher Formulierungen wie „Gutes Ergebnis, aber warten wir mal ab, noch ist die Zeit nicht reif für so etwas." Oder: „Super, aber unser Budget wird ausgerechnet jetzt woanders gebraucht. Wir parken das mal bis ins nächste Jahr." Landläufig spricht man von der Schublade, in welcher die Projektergebnisse verschwinden.

Der eigentliche Grund des Scheiterns, der sich hinter diesen Formulierungen verbirgt, ist ein anderer: Unsicherheit. Zu diesem Zeitpunkt sind die Erfolgsaussichten eines Produktes schwer zu beurteilen. Noch wird das Produkt lediglich durch ein paar Kundenumfragen mit einem zusammengebastelten Prototypen gestützt. An auch nur annähernd verlässliche Umsatzprognosen oder gar Kosten/Nutzen-Rechnungen ist hier noch nicht zu denken. Und mit dieser Ausgangslage trauen sich die meisten Budgetverantwortlichen nur zum kleinen GO! … nämlich dem Go! in die Schublade. Lieber das nächste Projekt abwarten. Zusammen mit den Projektergebnissen wandert dann auch das gesammelte Wissen und Kundenverständnis in die selbige und das Projektteam geht auseinander.

Nur: Kein Projekt, dessen Produkt nicht schon den Sprung auf den Markt geschafft hat, wird verlässliche Aussagen über die Marktakzeptanz und das Umsatzpotenzial treffen können. Wie auch? Deswegen verabschieden sich die ersten Unternehmen vom Format „Projekt" in der Produktentwicklung. Als Alternative zum Projekt etabliert sich das Format „Produktteam". Hier arbeiten die Vertreter der relevanten Funktionen (Marketing et cetera) *ausschließlich* innerhalb des Produktentwicklungsteams; hier wird sich zu 100 Prozent einem Produktthema gewidmet, ohne noch drei andere Projekte aus dem eigenen Funktionsbereich auf der Agenda zu haben.

Und – vielleicht noch wichtiger – das Team arbeitet ohne die für das „Projekt" essenzielle Deadline. Stattdessen ist es als *permanentes* Team aufgesetzt mit dem Auftrag, ein neues, erfolgreiches Produkt für Kundengruppe X zu schaffen, was heißt, dass es dieses Produkt in allen Fällen geben wird. Es gibt keine Deadline, die das Produkt in die Schublade verweist. Das Ziel ist das Ziel, nicht der Weg. Und das bringt große Vorteile mit sich.

Der größte: Das Team erlebt tatsächlich die Markteinführung des eigenen Produktes. Dies eröffnet ein ganz neues, riesiges Lernpotenzial, denn nirgends gibt es echteres Feedback als vom tatsächlichen Kunden. Und niemand kann die Marktakzeptanz besser abschätzen als der Markt selbst. Und das gibt Raum für wirkliche Iteration. Insbesondere bei Produkten, deren Eigenschaften sich auch nach Markteintritt eher einfach verändern lassen. Hierunter fallen zum Beispiel alle Dienstleistungen und Software. Auch Produkte, deren Herstellung und Vertrieb kostengünstig hoch- und runtergefahren werden kann, etwa weil sie etablierten Produkten aus dem eigenen Unternehmen sehr ähnlich sind, zählen hierzu. Beispiele wären Softdrinks, T-Shirts oder digitale Medien.

Und im Falle eines echten Flops ist im Format „Produktteam" zumindest die Möglichkeit gegeben, hieraus Lehren zu ziehen. Denn das Team besteht ja über die Markteinführung hinaus. Vielleicht brauchen Teenager einfach kein Deo mit Glitzereffekt. Aber nun ist das Team in der Lage, mit all den gesammelten Erkenntnissen und dem Verständnis „ihrer" Kunden die nächste Iteration besser zu machen und wirklich das perfekte Geschenk für die Teenager ins Regal zu stellen.

Aber zurück zur Frage, wie man ein gutes Geschenk findet. Sicher sind hier Tools und Methoden zur Ausgestaltung eines Innovationsprozesses hilfreich. Letztendlich spielt es aber eine kleinere Rolle, ob Ihr Team Co-Creation, Lean Startup, Design Thinking oder den schon fast wieder überfälligen nächsten Innovationsansatz wählt. Entscheidend ist erstens: Eine Arbeitsatmosphäre im Team zu erzeugen, die leidenschaftliche Menschen anzieht und zu einem experimentierfreudigen und wirklich kundennahen Arbeiten motiviert.

Entscheidend ist zweitens: Diesem Team die Verantwortung und den Raum im Unternehmen geben, selbst Risiken einzugehen und daraus lernen zu dürfen. Und entscheidend ist drittens, den Produktentwicklungsteams ein klein wenig Geduld entgegenzubringen. Wenn Unternehmen vor 100 Jahren zu ähnlich frühen Zeitpunkten technische Ideen abgebügelt hätten, würden wir heute in den Urlaub laufen oder reiten, je nach Füllstand unseres Münzbeutels. Fahren oder fliegen würden wir jedenfalls nicht. Klar, ein neues Deo für Teenager hat nicht das disruptive Potenzial eines Verbrennungsmotors und in dessen Entwicklung ähnliche Ressourcen einzusetzen wäre unklug. Aber die Unterschiede zwischen der Geduld (und den Ressourcen), die Unternehmen heute bei der Lösung eines „Marktproblems" an den Tag legen, und der Geduld, die Unternehmen bei der Lösung eines technischen Problems schon immer an den Tag gelegt haben, sind riesig. Und in einer Zeit, wo es das größere Problem ist, eine kleine Marktlücke, ein nicht oder nur unzureichend befriedigtes Bedürfnis zu finden, wohingegen es bereits unzählige technische Möglichkeiten gibt, dies zu tun, ist diese Ressourcenverteilung vielleicht nicht optimal.

Nun sind Sie skeptisch, ob ein Produktteam mit so viel Freiraum, Experimentierfreude und ohne fixe Deadline tatsächlich auch ein Ergebnis liefert? Blättern Sie zum nächsten Kapitel und sehen Sie, wie aus keiner Deadline 52 werden und was das für die Agilität und Ergebnisqualität Ihres Teams bedeuten kann!

LITERATUR

- Tim Brown: Change by Design – How Design Thinking Transforms Organizations and Inspires Innovation. Harper Business 2009
- Dev Patnaik: Wired to Care – How Companies Prosper When They Create Widespread Empathy. FT Press 2009
- Venkat Ramaswamy, Francis J. Gouillart: The Power of Co-Creation – Build It with Them to Boost Growth, Productivity, and Profits. Free Press 2010
- Eric Ries: Lean Startup: Schnell, risikolos und erfolgreich Unternehmen gründen. Redline Verlag 2012

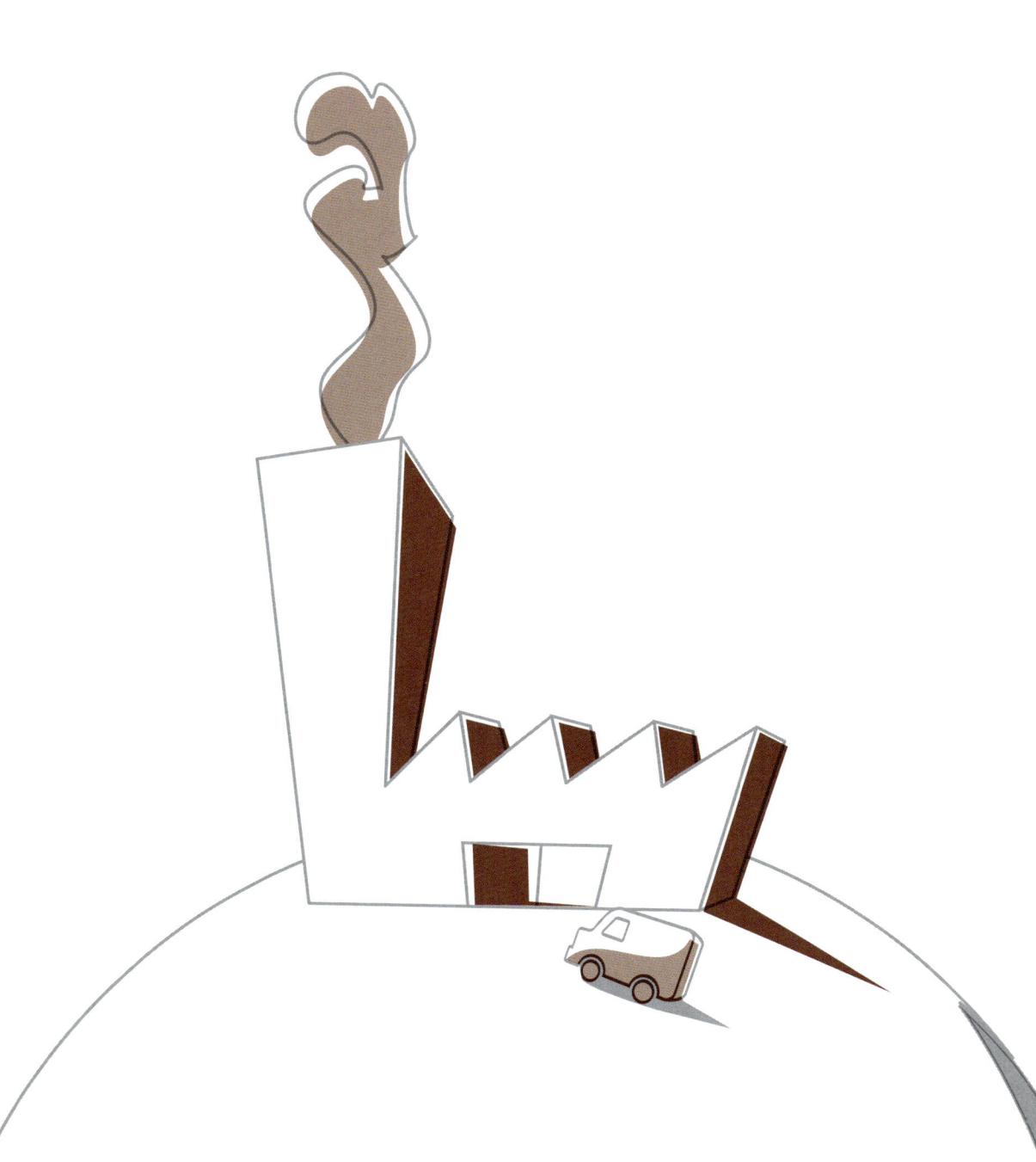

LIEFERN, WAS GEBRAUCHT WIRD

Mehr zu diesem
Blickwinkel:
management-y.de/
liefern

Kennen Sie das? Sie wollen sich ein technisches Gerät kaufen – beispielsweise einen Drucker – und fragen Freunde und Bekannte nach Empfehlungen. Schlimm genug, dass Sie von sieben Befragten mindestens zehn verschiedene Antworten bekommen. Die am häufigsten genannte Antwort wird sein: „Es ist egal, welchen Drucker du dir kaufst – morgen ist er schon wieder veraltet. Am besten kaufst du dir gleich wieder einen neuen, sobald die Tintenpatronen leer sind." Tatsächlich: Ein Blick auf die Internetseite des Druckerherstellers offenbart, dass das favorisierte Modell dort gar nicht mehr geführt wird. Sogar der Nachfolger ist schon ein halbes Jahr alt!

Bei Dienstleistungen und Softwareprodukten haben wir uns an Updates gewöhnt. Das neue Riester-Produkt, die mit großem Medienecho eingeführte Facebook-Timeline, die ständigen Sicherheits-Updates bei Microsoft, Apple & Co. – all das ist Teil unseres Lebens geworden. Nun fängt auch die „Hardware" an, sich schnell weiterzuentwickeln. Die Produkte leben. Wie aber bringt man es fertig, diesen Lebensweg so vorzubereiten und zu begleiten, dass die Produktwartung nicht irgendwann die Gewinne verschlingt? Indem man nicht nur das richtige Produkt (er-)findet, sondern dieses auch richtig (das heißt auf handwerklich bestmöglichem Wege) entwickelt – und das mit derselben Überzeugung und Hingabe, die auch schon bei der Produktidee aufgewendet wurde.

MEIN PRODUKT LEBT!

Die meisten Dienstleistungen, Softwareprodukte und Online-Dienste werben mit immer neuen Funktionen um die Gunst der Kunden und Nutzer. Bei den klassischen Dienstleistungen wie dem genannten Riester-Produkt besteht die größte Herausforderung für den Finanzdienstleister darin, die Charakteristika dieses Versicherungsprodukts in die hausinternen IT-Systeme zu integrieren, ohne dabei andere Produkte zu beeinträchtigen. Dieselbe Erwartung haben Kunden an die Sicherheits-Updates ihres Betriebssystems: Hinterher soll alles genauso funktionieren wie vorher – nur sicherer. Leicht gesagt, aber wer einmal die IT-Systemlandschaft einer Bank oder Versicherung gesehen und verstanden hat, wie viele verschiedene Softwaresysteme dort wie in einem Orchester zusammenspielen, der wundert sich manchmal, dass sich die Zahl der Misstöne in Grenzen hält.

Die Weiterentwicklung von Software war schon immer mit großen Herausforderungen verbunden, die sich jedoch im Laufe der Zeit gewandelt haben. Früher galt das *Bananen-Prinzip*: Softwarehersteller ließen ihre üppig ausgestatteten, aber unzureichend getesteten Produkte beim Anwender reifen. Es dauerte oft einige Zeit, bis die vielen neuen Funktionen tatsächlich wie gewünscht funktionierten. Die Softwarebranche hatte ein Qualitätsproblem und litt an Featuritis: Anstatt die Kunden zu fragen, was sie wirklich wollen, überschwemmte man sie mit neuen Funktionen.

Heute ist Softwareentwicklung viel schlanker organisiert. Man liefert nur das, was wirklich gebraucht wird, in hoher Qualität und so schnell wie möglich. Die Beschränkung auf das *Minimum Viable Product* (MVP) verkürzt die Entwicklungszeit der nächsten Produktversion enorm. Alles geht viel schneller. Manchmal sogar zu schnell: Regelmäßig kursierten Meldungen im Internet, wonach unerwartet neue Funktionen in Facebook freigeschaltet wurden, die zum Ärger der Verbraucherschützer sofort aktiv waren. Facebook hat daraus gelernt und kommuniziert heute (oft) besser. Ungeachtet dessen ist der Wunsch vieler Nutzer nach Neuem weiterhin ungebrochen.

Andererseits können Anforderungen, die Kunden heute an ein Produkt stellen, morgen schon überholt sein. So spielt beispielsweise die Sprachqualität beim Kauf von Mobiltelefonen heutzutage nur noch eine untergeordnete Rolle. Viel wichtiger ist, dass man mit dem Handy schnell und bequem Apps finden, laden und nutzen kann. Konnten Mobilfunkanbieter noch vor wenigen Jahren mit SMS-Flatrates bei Kunden punkten, so ist dieses Angebot mit der weltweiten Verbreitung von internetbasierten Nachrichtendiensten wie WhatsApp & Co. unattraktiv geworden. Mit der Übernahme von WhatsApp durch Facebook wechselten Tausende Nutzer schlagartig zu alternativen Nachrichtendiensten, bei denen sie ihre Daten in (abhör-)sicheren Händen wähnen. Diese Anforderungsdynamik kann jederzeit Auswirkungen auf die Produktgestaltung haben – heutzutage viel schneller als noch vor 20 Jahren.

PRODUKTE DYNAMIKROBUST BAUEN

Wie kann man solche lebendigen Produkte schnell und zugleich qualitativ hochwertig bauen, ohne den Aufwand für Qualitätssicherung und Fehlerbehebung in unermessliche Höhen zu treiben? Mit dieser Frage haben sich seit den 1980er-Jahren viele Forscher beschäftigt. Neben der Softwareentwicklung war vor allem die Automobilindustrie ein Vorreiter – allen voran Toyota. Aus dem dort seit den 1930er-Jahren entwickelten Produktionssystem wurden später die Prinzipien des *Lean Management* abgeleitet. Dessen Kernidee ist die Vermeidung von Verschwendung – sowohl die Rohstoffe als auch die Wertschöpfungsprozesse betreffend. Dabei werden die Bedürfnisse der Kunden und die des Unternehmens gleichermaßen berücksichtigt.

Mehr zum Thema
Lean Management:
management-y.de/
lean-management

Die Lean-Prinzipien wurden von verschiedenen Forschern unabhängig voneinander auf die Domäne der Softwareentwicklung übertragen. Unter dem Oberbegriff „Agil" findet man dort heute verschiedene Vorgehensweisen und Rahmenwerke für die Durchführung von (Software-)Produktentwicklungsprojekten, welche eine Antwort auf die eingangs gestellte Frage nach dem Bauen lebendiger Produkte mit einem gemeinsamen Wertesystem und verschiedenen Prinzipien geben.

DAS AGILE MANIFEST

Im Jahr 2001 trafen sich 17 IT-Experten am Rande einer Konferenz, um die Gemeinsamkeiten ihrer Projektmanagementsysteme herauszuarbeiten. Das Ergebnis dieses Treffens war das *Manifest für Agile Softwareentwicklung.*

> Wir erschließen bessere Wege, Software zu entwickeln, indem wir es selbst tun und anderen dabei helfen. Durch diese Tätigkeit haben wir diese Werte zu schätzen gelernt:
>
> Individuen und Interaktionen mehr als Prozesse und Werkzeuge
> Funktionierende Software mehr als umfassende Dokumentation
> Zusammenarbeit mit dem Kunden mehr als Vertragsverhandlung
> Reagieren auf Veränderung mehr als das Befolgen eines Plans
> Das heißt, obwohl wir die Werte auf der rechten Seite wichtig finden, schätzen wir die Werte auf der linken Seite höher ein.

Manifest für Agile Softwareentwicklung (www. agilemanifesto.org)

WERTEPAARE MACHEN WERTE ERST WERTVOLL

Das Besondere an diesem Manifest sind die Wertepaare. Jeder Wert kommt nur dann voll zur Wirkung, wenn er in einem konstruktiven und dynamischen Verhältnis zu einem Gegenwert steht. Funktionierende Software ist nicht per se ein erstrebenswertes Ziel, weil gleichzeitig die Wartbarkeit der Software sichergestellt werden muss. Eine angemessen umfangreiche Dokumentation kann die Wartbarkeit verbessern. Die Kunst besteht darin, den Regler auf der Skala des Wertepaars „Funktionierende Software – Umfassende Dokumentation" in die bestmögliche Position zu bringen und gelegentlich nachzujustieren. Wertepaare sind im Vergleich zu einfachen Werten deshalb so hilfreich, weil sie ein Abwägen ermöglichen und erzwingen.

Die Wertepaare des agilen Manifests, übertragen auf die Welt außerhalb der Softwareentwicklung.

Die Tatsache, dass agile Methoden ein Wertesystem zum unverzichtbaren Bestandteil gemacht haben, verdeutlicht, dass hier der Mensch im Mittelpunkt steht. Maschinen brauchen lediglich Instruktionen, um zu funktionieren und komplizierte Probleme zu lösen. Menschen hingegen benötigen Rahmenbedingungen, unter denen die Lösung komplexer Probleme in komplexen Systemen gelingen kann (mehr zum Komplexitätsbegriff später in diesem Kapitel).

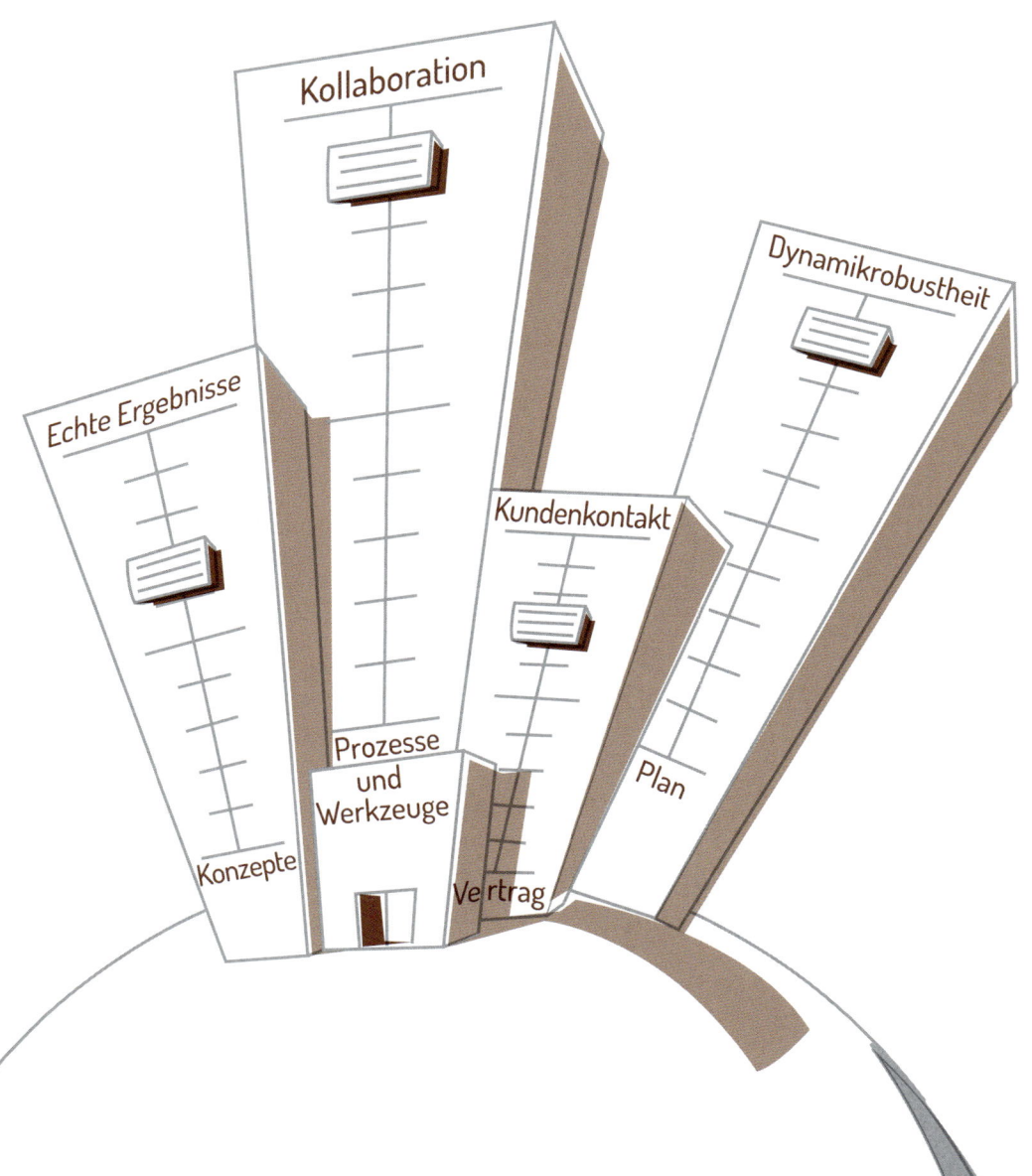

Kollaboration

Dynamikrobustheit

Echte Ergebnisse

Kundenkontakt

Prozesse und Werkzeuge

Plan

Konzepte

Vertrag

Ein Wertesystem steckt diesen Rahmen ab, schafft die gemeinsame Basis und gewährt trotzdem den nötigen Freiraum.

Menschen sind in diesem Kontext sowohl Teil des komplexen Systems als auch Akteure bei der Problemlösung. Sie interagieren, kommunizieren und kollaborieren. Das funktioniert nur dann, wenn sich alle auf gewisse Grundregeln geeinigt haben. Die Essenz der Grundwerte aller agilen Methoden lautet:

- Respekt vor der Meinung anderer
- Mut, auf Missstände hinzuweisen und eigene Fehler einzugestehen
- Neugier auf die Andersartigkeit anderer Menschen, anstatt diese als Bedrohung oder Anomalie zu betrachten
- wertschätzende und konstruktive Kritik

All das ist Ausdruck einer Haltung, die zu einem neuen Miteinander führt und einen Raum schafft, in dem jeder Einzelne sein Potenzial besser entfalten kann. Bei der Vorstellung des Blickwinkels „Organisation gemeinsam beleben" gehen wir genauer auf die Bedeutung von Werten und Kultur für eine Organisation ein. Schauen wir uns im Folgenden die Wertepaare genauer an.

INDIVIDUEN UND INTERAKTIONEN <> PROZESSE UND WERKZEUGE

Projekte sind so unterschiedlich wie die an ihnen beteiligten Menschen, die gegebenen Rahmenbedingungen und die gesteckten Ziele. Deshalb ist es nicht sinnvoll, die Projektbeteiligten in ein enges Korsett aus Regeln, Vorschriften und Prozessen zu zwängen, das ihnen keinen individuellen Freiraum für Lernerfahrungen und Verbesserungen lässt. Viele traditionelle Projektmanagementmethoden legen indes großen Wert auf die Einhaltung von Prozessen. In größeren Projekten entstehen daraus Kommunikationspfade, die an das Spiel „Stille Post" erinnern: Der Kunde spricht mit dem Key-User über eine Anforderung, der diese an den Business-Analysten übermittelt. Dieser wiederum schreibt sie auf und schickt sie an den Programmmanager, der seinerseits alle Hauptprojektleiter per E-Mail informiert – einer wird sich schon darum kümmern. Bis die Anforderung bei denjenigen landet, die sie in die Software einbauen sollen, ist viel Zeit ins Land und viel Information verloren gegangen.

Viel einfacher und klarer wird es, wenn beide Enden der Kommunikationskette – Kunde und Entwicklungsteam – direkt miteinander sprechen. So lernen sie, einander zu verstehen. Die Fachsprachen sind zu Beginn eines Projekts oft wie Fremdsprachen. Jeder, der einmal eine andere Sprache gelernt hat, weiß, dass es einige Zeit dauert, bis man einem Gespräch folgen kann, und noch viel länger, bis man selbst die Fremdsprache fließend beherrscht. Dann aber hat man nicht nur die Sprache erlernt, sondern oft auch eine andere Kultur erfahren. Das bereichert und ist zugleich die Voraussetzung für eine gute Zusammenarbeit, da die kulturellen Unterschiede nicht mehr wie eine Mauer zwischen den Gesprächspartnern stehen.

Aus dem intensiven Dialog zwischen Kunde und Entwicklungsteam erwächst darüber hinaus im Laufe der Zeit ein belastbares Vertrauensverhältnis. Alle ziehen am selben Strang, wollen ein Produkt bauen, das die Nutzer auch morgen noch lieben, weil es nützlich und qualitativ hochwertig ist. Phrasen wie „Die da in der IT" oder „Ich weiß mittlerweile besser, was der Kunde will, als er selbst" sind seltener zu hören, wenn alle aufeinander zugehen und den Dialog wagen.

Tatsächlich kommen auch bei agilen Vorgehensweisen Prozesse, Rollen und Werkzeuge zum Einsatz. Die Prozesse sind jedoch in der Regel leichtgewichtig und haben eher den Charakter eines Rahmenwerks, innerhalb dessen sich ein Projektteam frei bewegen und kontinuierlich verbessern kann.

FUNKTIONIERENDE SOFTWARE <> UMFASSENDE DOKUMENTATION

Hier könnte auch „funktionierende Produkte" stehen, denn die agile Denkweise lässt sich auch außerhalb der Softwareentwicklung sehr gut anwenden. Hinter diesem Wertepaar steht die Erkenntnis, dass Kunden zu Beginn eines Projekts die Anforderungen an das Produkt nur bedingt formulieren können. Deshalb ist die Liste der Anforderungen in agilen Projekten dynamisch. Die Software wird schrittweise entwickelt, beginnend mit den wichtigsten Anforderungen sowie jenen, bei denen das Risiko des Scheiterns am größten ist. Schnell herauszufinden, was funktioniert und was nicht – das ist der große Wunsch jedes Produktverantwortlichen und Projektleiters. Kurze Feedback-Zyklen und ein analytischer Blick auf das Erreichte helfen dabei, schnell zu handeln. Schritt für Schritt erfolgreich voranschreiten oder früh scheitern: Das sind die einzig vernünftigen Alternativen. Wenn aber in einem Projekt die riskantesten Themen aufgeschoben werden, besteht die Gefahr, erst spät zu scheitern – und so eine Menge Zeit und Geld in den Sand zu setzen.

Es gibt Produktanforderungen, die sich nicht analytisch ermitteln lassen. Diese Anforderungen werden erst im Zuge der Produktnutzung sichtbar und formulierbar. Wird den Kunden eine erste Version der Software früh zur Verfügung gestellt, haben sie außerdem schnell einen konkreten Nutzen von diesem Softwareprodukt. Und sie werden beim Arbeiten mit der Software neue Ideen entwickeln und andere Ideen verwerfen oder verändern. Wie gut, dass die Anforderungsliste dynamisch ist.

Schnell zu erkennen, was funktioniert und was nicht, löst Probleme zwar nicht schneller oder besser, macht sie aber früher sichtbar. Durch die Forderung, regelmäßig fertige Teilprodukte zu erstellen, können die Produktentwickler diese Probleme nicht beiseiteschieben, indem sie beispielsweise ein Stück benötigte, aber „schwierige" Technologie später umsetzen. Diese Vorgehensweise ist manchmal unbequem, aber immer erkenntnisreich.

ZUSAMMENARBEIT MIT DEM KUNDEN <> VERTRAGSVERHANDLUNG

Die Erfahrung zeigt, dass die meisten Menschen um Ausgleich bemüht sind: Empfangen sie Vertrauen, verspüren sie das Verlangen, ebenfalls Vertrauen zurückzugeben. Auf dieser Grundlage lassen sich wunderbar Projekte gestalten – und das weitaus günstiger, als wenn mehrere Anwälte mit der Ausarbeitung eines wasserdichten Rahmenvertrags beschäftigt wären. Wenn durch die Interaktion der Individuen ein Vertrauensverhältnis entstanden ist, dann wird man sich im Zweifelsfall nicht auf einen Projektvertrag oder allgemeine Geschäftsbedingungen berufen, sondern gemeinsam versuchen, eine Lösung für das Problem zu finden. Was aber, wenn Kunde und Dienstleister noch nie zusammengearbeitet haben? Dann können ein kontinuierlicher Dialog und ein Vertrauensvorschuss wahre Wunder bewirken.

REAGIEREN AUF VERÄNDERUNG <> BEFOLGEN EINES PLANS

Veränderung ist ein Teil unseres privaten und beruflichen Lebens. So sehr wir uns auch nach Stabilität und Vorhersagbarkeit sehnen: Die Realität ist und bleibt überraschend und unberechenbar. Warum tut uns die betriebliche Wirklichkeit nicht den Gefallen, unserem Wunsch nach vorausschauender Planbarkeit zu entsprechen? Ganz einfach: weil Betriebe und andere Organisationen komplexe Systeme sind und mit einer komplexen Umwelt interagieren. In dieser Welt übersteigt das, was wir nicht wissen, das Bekannte bei Weitem. Da die Begriffe „kompliziert" und „komplex" oft miteinander verwechselt werden, wollen wir sie kurz voneinander abgrenzen.

Mehr zur Abgrenzung komplizierter und komplexer Probleme:

management-y.de/kompliziert-komplex

Ein Problem ist *kompliziert*, wenn Ursache und Wirkung in einem linearen, nicht trivialen Zusammenhang stehen. Ein solches Problem kann aber mithilfe einer Analyse unter Anwendung bewährter Praktiken bewältigt werden. Stellen Sie sich vor, Sie wollen der Ursache für die schwergängige Schaltung Ihres Fahrrads auf den Grund gehen. Irgendwann sind alle Einzelteile des Schalthebels auf dem Boden verteilt. Glücklicherweise besitzen Sie eine Montageanleitung mit einer Explosionszeichnung des Hebels. Der korrekte Zusammenbau der vielen Einzelteile (die Sie hoffentlich alle wiedergefunden haben) ist kompliziert, aber dank der detaillierten und eindeutigen Anleitung nachvollziehbar und kontrollierbar – einer der Autoren dieses Buchs kann das aus eigener Erfahrung bestätigen.

Komplexe Probleme und Systeme sprengen die Kausalkette. Ihr Verhalten lässt sich nicht vorherbestimmen, weil zu viele Parameter das Verhalten beeinflussen und teilweise rekursiv auf sich selbst angewendet werden. Versuchen Sie einmal, die Bewegung eines von Ihnen angestoßenen Mobiles vorherzusagen – unmöglich! Sie können lediglich das Ergebnis betrachten und beurteilen, ob Sie damit zufrieden sind. Falls nicht, stoßen Sie das Mobile erneut an und warten auf das nächste Ergebnis.

Betrachtet man unter diesem Aspekt die Abläufe in einem Unternehmen, entdeckt man überall *komplexe Systeme*. Im Produktmarketing beispielsweise gibt es keinen „richtigen" Weg. Die Wirkung, die Werbung auf potenzielle Kunden entfaltet, ist zu vielschichtig, um sie verlässlich vorhersagen zu können. Deshalb gehört zu einer guten Kampagne immer die Nachbereitung: Wie wirksam waren die Anzeigen/Werbespots/Werbebanner? Welche Zielgruppen wurden erreicht? Welche Art von Feedback gab es? Wie haben sich die Verkaufszahlen entwickelt? Ob diese Entwicklung auf die Kampagne zurückzuführen ist, lässt sich nicht mit Sicherheit sagen – und deshalb sollte man es auch bleiben lassen. Stimmt der Trend, dann kann die nächste Kampagne (aber nicht notwendigerweise auch die übernächste) ähnlich gestaltet werden. Sind die Verkaufszahlen schlechter als erwartet, dann sollte man sich etwas Neues ausdenken.

Anstatt also übereilt in eine bestimmte Richtung vorzupreschen, können Sie versuchen, sich Schritt für Schritt voranzutasten, immer wieder innehalten, zurückschauen, aus dem Erlebten lernen und daraus den Impuls und die Richtung für den nächsten Schritt gewinnen. Dieses Vorgehen scheint Sie auszubremsen? In Wirklichkeit ist es schneller und vor allem flexibler als der Scheuklappen-Galopp. Sie bekommen früh und regelmäßig ein Gefühl dafür, ob Sie auf dem richtigen Weg sind und bleiben dabei *dynamikrobust*. Es lohnt sich, einen genaueren Blick auf dieses Zauberwort zu werfen, um dessen Erforschung sich sogar ein eigenes Institut (IdH Institut für dynamikrobuste Höchstleistung, www.höchstleister.de) kümmert.

DYNAMIKROBUST HANDELN: EIN BEISPIEL

Es ist bereits kurz nach 8 Uhr, als die Tür meines Reihenhauses im Nordosten Hamburgs hinter mir ins Schloss fällt. Ausgerechnet heute hat es eine kleine Ewigkeit gedauert, bis sich die Kinder auf den Weg zur Schule gemacht haben. Auf dem Weg zum Auto checke ich noch kurz die Mailbox. Eine neue Nachricht vom Verwalter des Firmen-Car-Pools: Er teilt mir mit, dass das Navigationsgerät meines gestern angemieteten Fahrzeugs defekt sei, und wünscht mir eine gute und staufreie Reise. „Staufrei" – das klingt wie der blanke Hohn! Reiseziel Düsseldorf, das bedeutet einmal längs durchs Ruhrgebiet. Und das ohne Navi! Geistesgegenwärtig mache ich kehrt.

Im Arbeitszimmer suche ich nach dem Straßenatlas. Das dauert eine Weile, weil der dicke Wälzer aufgrund jahrelanger Missachtung in die unterste Ecke des Regals gewandert ist. Fast liebevoll streiche ich über die Seiten, suche den Kartenausschnitt des nördlichen Ruhrgebiets und markiere die Seite mit einem der beiden Lesebändchen. Jetzt aber los!

Der Hamburger Berufsverkehr ist nicht schlimmer als an anderen Wochentagen. Ich schlängele mich durch die Nebenstraßen, um die neuralgischen Punkte auf den Hauptverkehrsadern zu umfahren. Trotzdem dauert es 30 Minuten, bis ich endlich auf die A1 auffahre. Bis kurz vor Bremen läuft alles prima. Mittlerweile habe ich mich auch wieder daran gewöhnt, das Radio ein wenig lauter zu machen und genau hinzuhören, wenn der Verkehrsfunk gesendet wird. Kurz vor dem Bremer Kreuz übertönt die Stimme der Moderatorin ganz abrupt Ellie Gouldings „Burn": „Wir unterbrechen das Programm für eine wichtige Durchsage: Die A1 ist nach einem Verkehrsunfall zwischen den Anschlussstellen Stuhr/Groß Mackenstedt und Groß Ippener in Richtung Süden voll gesperrt. Bitte umfahren Sie dieses Gebiet weiträumig." Gerade noch rechtzeitig, um die A1 zu verlassen und auf die A27 in Richtung Hannover auszuweichen. Das wird meine geplante Ankunftszeit über den Haufen werfen, aber noch habe ich ausreichend Zeitreserve – oder? In diesem Moment klingelt mein Mobiltelefon. Im Gegensatz zum Navi funktioniert die Freisprecheinrichtung, sodass ich unterbrechungsfrei mit meinem Kunden sprechen kann, der eine fachliche Frage zu unserem heutigen Termin hat. Ich zögere kurz, berichte ihm dann aber wahrheitsgemäß, dass die Vollsperrung zu einer verspäteten Ankunft in Düsseldorf führen könnte. Wann ich denn ungefähr da sein würde, will mein Kunde nun wissen. „Ich weiß es nicht, werde mir aber gleich einen Überblick verschaffen und melde mich dann wieder", antworte ich, lege auf und halte Ausschau nach dem nächsten Parkplatz. Dort werfe ich einen Blick in den Straßenatlas. Ein Retro-Gefühl kommt auf, als ich den Zeigefinger auf den Maßstab lege und die Strecke abmesse. Der Finger stoppt in Bad Oeynhausen. Auf der A2 bleiben oder auf die A30 wechseln? Das hängt vom Verkehr ab. Ich rufe meinen Kunden an und sage ihm, dass ich mit etwas Glück pünktlich zum Treffen erscheinen könne. Weiter geht's – zwei Augen für die Straße, ein Ohr für den Verkehrsfunk.

Kurz vor Bad Oeynhausen merke ich, dass mich der Berufsverkehr im Großraum Hannover ziemlich zurückgeworfen hat. Laut Verkehrsfunk ist die A2 überraschend staufrei. Trotzdem werde ich es nicht rechtzeitig schaffen. Für einen weiteren Blick in den Straßenatlas steuere ich erneut einen Rastplatz an. Dadurch verliere ich noch mehr Zeit, kann aber meinem Kunden eine ungefähre Ankunftszeit mitteilen. Der ist froh, dass ich ihn rechtzeitig informiere, weil er nun seine Tagesplanung entsprechend anpassen kann.

Stau bei Wuppertal. Mist! Ein erneuter Anruf beim Kunden ändert die Lage: Mein Ansprechpartner müsste für unser Meeting von einem anderen Firmenstandort zur Zentrale zurückfahren. Einfacher wäre es, wenn wir unser Treffen in die Außenstelle verlegen könnten. Ich notiere die Adresse und schlage die Straße im Stadtplan von Düsseldorf nach, der glücklicherweise im Straßenatlas zu finden ist. Wie gut, dass wir uns nicht in Bielefeld treffen. Mit dem Stadtplan auf dem Schoß und dem Stadtverkehr im Nacken bahne ich mir den Weg durch die nordrhein-westfälische Landeshauptstadt. Ich folge einer beschilderten Umleitung, komme vom Weg ab, halte wieder an, um mich neu zu orientieren, und erreiche mit 42 Minuten Verspätung mein Ziel. Kurz durchatmen, innerlich sammeln, die Agenda überfliegen – und dann ab zum Kunden.

Das Gespräch ist ein Erfolg für beide Seiten. Mein Kunde ist höchst zufrieden – und dankbar für die frühzeitige und kontinuierliche Rückmeldung meine Ankunftszeit betreffend. „Wenn ich ehrlich bin, kam mir die Verzögerung sogar ganz gelegen", gibt er unumwunden zu. „So hatte ich endlich Zeit, um gemeinsam mit meinem Team erste Ideen für die nächste Messe zu sammeln. Das soll aber nicht heißen, dass Sie sich jetzt immer verspäten sollen, um mir Zeit zu schenken!", fügt er schmunzelnd hinzu und verabschiedet mich herzlich.

Nach den gemeisterten Herausforderungen dieses Tages kann mich nichts mehr erschüttern – nicht einmal der Anruf meines Chefs mit der Bitte, auf dem Rückweg kurz bei einem Lieferanten in Münster vorbeizuschauen, um dort ein Materialmuster abzuholen.

Ruth Cohn
(1912–2010)
Psychologin,
Begründerin der
Themenzentrierten
Interaktion (TZI)

AGILE ERFOLGSFAKTOREN

In dieser Geschichte einer Dienstfahrt mit Hindernissen stecken die wesentlichen Elemente, die agile Vorgehensmodelle wie Scrum so erfolgreich machen: ein wirkungsvolles Risikomanagement, kurze Feedback-Zyklen und Lernen aus Erfahrung, ein hohes Maß an Transparenz und der offene Umgang mit Änderungen. Das Pendant zum defekten Navi sind die vielen kleinen und großen Unzulänglichkeiten, mit denen ein Projekt oft von Beginn an zu kämpfen

Wenn du
wenig Zeit
hast, nimm dir
am Anfang viel
davon.

hat, beispielsweise kein gemeinsamer Projektraum oder ungenügende Hard-ware-Ausstattung. Vielleicht aber auch ein Team, das nicht über alle erforder-lichen Fähigkeiten und Fertigkeiten verfügt. Was tun? Die größten Risiken identifizieren und frühzeitig in Angriff nehmen. Weil das Navi defekt ist, wird der Straßenatlas hervorgekramt. Und da der Umgang mit dem Kartenwerk ge-nauso eingestaubt ist wie der Atlas selbst (Risiko!), wird kurz geübt und der richtige Kartenausschnitt markiert. Das kostet Zeit und verzögert die Abfahrt, wird sich aber später auszahlen, wenn es darum geht, den Atlas auch im hekti-schen Stadtverkehr flink und sicher zu benutzen – getreu dem Motto von Ruth Cohn, der Begründerin der themenzentrierten Interaktion: „Wenn du wenig Zeit hast, nimm dir am Anfang viel davon!"

Die Fahrt (und auch so manches Projekt) läuft gut, bis das erste unerwartete Hindernis auftaucht. Nun gilt es, alle verfügbaren Informationen zu beschaffen (Verkehrsfunk) und bei der Abwägung der Alternativen zu berücksichtigen. Oft muss ein Umweg in Kauf genommen werden, manchmal ändert sich so-gar das Ziel. Beides bringt den ursprünglichen Plan ins Wanken. Anstatt nun weiterhin am Plan (ursprünglich berechnete Ankunftszeit und ursprüngliches Ziel) festzuhalten, ist es zielführender, sich auf die neue Situation einzulassen und zu akzeptieren, dass der Plan geändert werden muss: neue Strecke suchen, Fahrtdauer abschätzen und den Kunden darüber informieren, dass man ver-spätet eintreffen wird. Diese Transparenz ist wichtig, damit alle Betroffenen

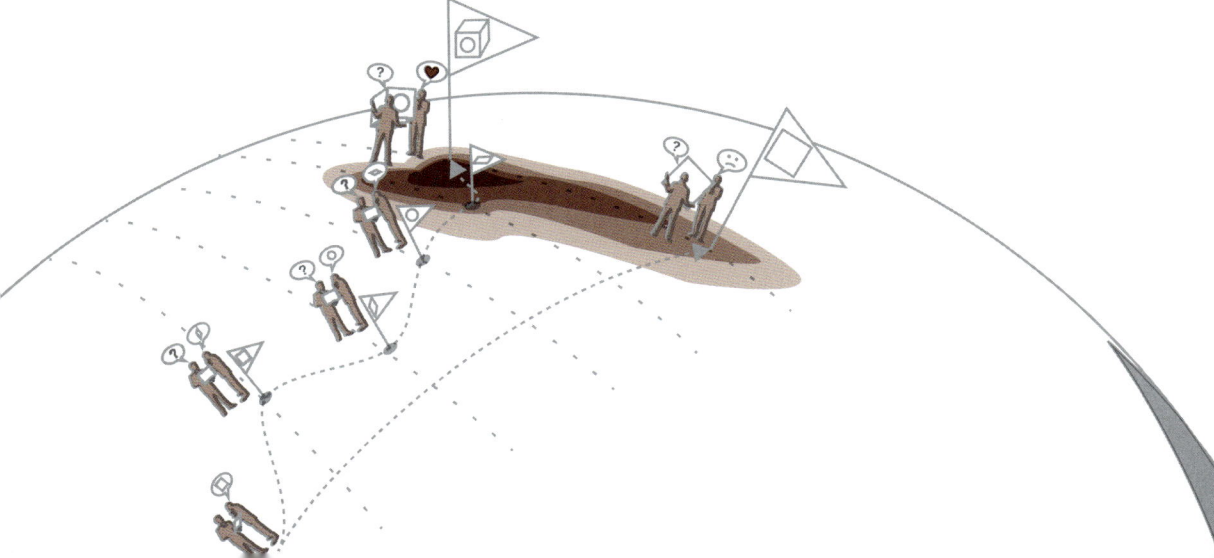

auf die neue Situation reagieren können. Der oft befürchtete Ärger bleibt aus – stattdessen gibt es Verständnis und Lob für den offenen und ehrlichen Umgang mit der Verzögerung. Der krönende Abschluss des Tages ist der Anruf vom Chef, der eine neue Anforderung stellt (Kurzbesuch beim Lieferanten). Wer grundsätzlich akzeptiert, dass Veränderungen immer und überall auftreten können und eher Regel als Ausnahme sind, den kann das nicht mehr erschüttern.

AUS ERFAHRUNG KLUG

Das soeben beschriebene dynamikrobuste Vorgehen des Autofahrers, bei dem Entscheidungen auf der Grundlage von Erfahrungswissen getroffen werden, nennt man *Empirismus*. Voraussetzung für Empirismus ist die Transparenz von Informationen. Sind alle relevanten Informationen offen zugänglich, dann werden sie zum Allgemeingut und verlieren infolgedessen ihre Wirkung als Machtinstrument. Entscheidungen (auch falsche) werden somit für alle nachvollziehbar.

Mehr zum Thema Empirismus: management-y.de/ empirismus

In angemessenen zeitlichen Abständen wird überprüft, wie gut die gewählten Arbeitsweisen zur Zielerreichung beitragen. Hat die Überprüfung ergeben, dass das gewählte Vorgehen noch Verbesserungspotenzial bietet, dann sollte es so angepasst werden, dass das Ziel besser oder schneller erreicht wird.

Je kürzer die Zyklen zur Auswertung gesammelter Daten und Informationen sind, desto schneller können Fehlentwicklungen erkannt und korrigiert werden. Das spart Zeit und Geld. Die Kosten für die Behebung eines Softwarefehlers steigen beispielsweise nach der 1:10:100-Regel jeweils um den Faktor 10, wenn der Fehler vom Programmierer selbst ($\times 1$), einem Softwaretester ($\times 10$) oder erst vom Anwender im produktiven Betrieb der Software entdeckt wird ($\times 100$).

Der iterativ-inkrementelle Pfad ist nicht geradlinig, führt aber zum tatsächlich gewünschten Ziel - das nur selten dem ursprünglichen Ziel entspricht.

Ein solches empirisches Vorgehen ist insbesondere für komplexe Situationen und Systeme gut geeignet. Ken Schwaber und Jeff Sutherland, die Väter des agilen Vorgehensmodells *Scrum*, formulieren das so:

> Empirie ist die Kunst des Möglichen: das Beste aus dem machen, was man hat. Das eröffnet viele Möglichkeiten. Wenn Sie allerdings glauben, genau zu wissen, was Sie wollen, und genau darauf drängen, schließen Sie die anderen Möglichkeiten von vornherein aus. Sie beschäftigen sich dann nicht mehr mit der Realität. Sie versuchen dann, die Realität so zu ändern, wie Sie sie gerne hätten. Das kann in einfachen Situationen funktionieren, aber es ist demoralisierend und frustrierend bei komplexen Problemen.

Ken Schwaber und Jeff Sutherland, Väter des agilen Vorgehensmodells Scrum (zitiert aus Ken Schwaber, Jeff Sutherland: Software in 30 Tagen; dpunkt.verlag 2013)

Der Reisende aus dem Beispiel ist allein unterwegs. Was wäre wohl passiert, wenn er drei Mitfahrer gehabt hätte? Wären die Entscheidungen dann auch so schnell gefällt worden? Hätte es eine demokratische Entscheidungsfindung gegeben? Auf jeden Fall hätte man für die Lektüre des Straßenatlas nicht anhalten müssen. Das Gruppenszenario ist also einfacher und komplizierter zugleich. Anderes Gedankenspiel: Einige Straßen sind mautpflichtig. Damit ist der Fahrpreis abhängig vom gewählten Streckenverlauf. Nun muss der Geschäftsreisende abwägen: Wie viel wert ist ihm eine schnellere Ankunft? Diese beiden Aspekte (Teamarbeit und Kosten/Nutzen-Abwägung) spielen in allen Produktentwicklungsprojekten eine große Rolle und werden von den agilen Vorgehensweisen angemessen berücksichtigt.

ENTSCHEIDUNGEN SIND ENTSCHEIDEND

Um ein Produkt schnell bauen und damit Kunden schnell glücklich machen zu können, ist es von großer Bedeutung, dass das Produktentwicklungsteam entscheidungsfähig ist. Muss bei offenen Fragen oder zur Abwägung von Alternativen jedes Mal ein Ausschuss einberufen werden, wird wertvolle Zeit vergeudet. Viel besser ist es, wenn das Produktentwicklungsteam zum Treffen solcher Entscheidungen befähigt und ermächtigt wurde. Das erfordert ein breites Wissen und Erfahrung, über die in der Regel nur ein Team verfügt, das interdisziplinär besetzt ist. Solche Teams bilden autonome Einheiten. Sie diskutieren die fachlichen Anforderungen mit dem Produktverantwortlichen, bewerten die Komplexität dieser Anforderungen (das ist genauso schwierig, wie es klingt), planen die technische Umsetzung im Rahmen der organisatorischen Vorgaben und führen die Umsetzung eigenverantwortlich durch. Agile Teams übernehmen Verantwortung für die handwerkliche Qualität ihrer Arbeit. Ihr ständiges Augenmerk gilt der technischen Exzellenz und gutem Design. Da alle Teammitglieder gut ausgebildet sind und kontinuierlich dazulernen, ist diese Verantwortung keine große Last – vorausgesetzt, das Team kann wirklich autonom arbeiten. Vertrauen in die Fähigkeiten eines agilen Teams ist die Grundlage für dessen Erfolg. Einige Unternehmen haben das stark verinnerlicht. Sie gewähren Teams immer mehr Autonomie und lassen Selbstorganisation zu. Heinz von Foerster hat für die Organisation eines Unternehmens mit selbst organisierten Teams den Begriff „Heterarchie" geprägt.

Heinz von Foerster (1911-2002) Physiker, Kybernetiker, Konstruktivist (zitiert aus Heinz von Foerster, Bernhard Pörksen: Wahrheit ist die Erfindung eines Lügners; Carl-Auer Verlag 2013)

> Aus einer heterarchischen Sicht ist jeder Mitarbeiter eines Betriebes als ein Manager in seinem Spezialgebiet anzuerkennen. In einer Heterarchie ist es der jeweils andere, der die Entscheidungen trifft. Da ich aus der Sicht eines anderen ein anderer bin und auch jeder andere zum anderen ein anderer ist, komme auch ich einmal und kommt auch jeder andere einmal dazu, Entscheidungen zu treffen. Das ist eine zirkuläre Struktur. Es regieren alle miteinander und füreinander; die Manager werden über den gesamten Betrieb verteilt. Jeder muss auf seinen Nachbarn hören, der auf seinen Nachbarn hören muss, der er selbst sein kann.

SCRUM

Mehr zum Thema Scrum:
management-y.de/scrum

Scrum ist ein agiles Projektmanagement-Framework, das um die Jahrtausendwende von Ken Schwaber und Jeff Sutherland erdacht und seitdem kontinuierlich weiterentwickelt worden ist. Beide suchten zunächst unabhängig voneinander nach der Ursache für das Scheitern vieler Softwareentwicklungsprojekte. Dabei stießen sie auf den Fachartikel „The New New Product Development Game" (Hirotaka Takeuchi, Ikujiro Nonaka; *Harvard Business Review* 1986), aus dem sie nicht nur wesentliche Ideen für ihr Framework ableiteten, sondern auch den Namen „Scrum". Der Begriff stammt aus dem Rugby und bezeichnet dort den Neustart eines Spiels nach einer kleineren Regelverletzung.

Die aktuelle Ausgabe des „Scrum Guide", der offiziellen Definition von Scrum, umfasst gerade einmal 17 Seiten. Zum Vergleich: Das Standardwerk *A Guide to the Project Management Body of Knowledge* des Project Management Institute beschreibt das eigene Vorgehensmodell auf 589 Buchseiten. Was kann ein Vorgehensmodell wie Scrum leisten, das so schlank, ja geradezu mager-süchtig daherkommt? Schauen wir doch einfach einmal einem Scrum-Team bei der Arbeit zu.

Der Scrum Guide: management-y.de/ scrum-guide

9:15 UHR – DAILY SCRUM

Isabel: „Jungs, es ist Viertel nach neun – das Daily Scrum beginnt!"

Fabian, Demir, Harm und Vincent erheben sich von ihren Arbeitsplätzen und sammeln sich vor dem Taskboard, wo sie von Isabel und dem Scrum Master Rolf erwartet werden. Demir nimmt sich den Jonglierball, das Zeichen für das Rederecht, und eröffnet das Daily Scrum.

Demir: „Ich habe gestern die Data Access Objects für die Abrechnungsübersicht entwickelt. Das war 'ne Fingerübung. Aufwendig waren die Tests, weil hier erstmals die neue Historisierung genutzt wird."

Vincent: „Die Tests sind heute morgen auf dem Build-Server fehlgeschlagen."

Demir: „Stimmt – habe ich aber schon behoben." (Hängt die Haftnotiz mit der Aufschrift „Data Access Objects für die Abrechnungsübersicht entwickeln" aus der Spalte „In Arbeit" in die Spalte „Erledigt".) „Heute werde ich Harm bei der Erweiterung der Tag Library unterstützen."

Harm: „Danke. Damit bin ich gestern leider nicht fertig geworden." (Macht einen Strich auf die entsprechende Haftnotiz.) „Ich musste mit unserem Product Owner noch ein paar Details zur Benutzeroberfläche besprechen. Die Beschreibung im Wiki habe ich ergänzt."

Fabian: „Was fehlte denn da?"

Harm: „Ach, die Spaltensortierung war nicht definiert. Und das Layout musste noch an die GUI-Richtlinien angepasst werden – die in diesem Punkt nicht sehr aussagekräftig sind."

88

Beim Daily Scrum synchronisiert das Team seine Tätig-keiten im Rahmen der Produkther-stellung und macht den Arbeitsfort-schritt transparent sichtbar

Fabian: „Andrzej hat mir gestern beim Mittagessen von einem ähnlichen Problem erzählt. Die haben das gelöst, indem sie …" (Rolf nimmt Demir den Ball aus der Hand und hält Ihn in die Höhe; Fabian verstummt.)

Rolf: „Könnt ihr das bitte nach dem Daily Scrum besprechen? Sonst sprengen wir unsere vereinbarten 15 Minuten." (Drückt Harm den Ball in die Hand.)

Harm: „Ich arbeite heute mit Demir weiter an der GUI." (Reicht den Ball an Isabel weiter.)

Isabel: „Ich habe nix gemacht – war auf der JAX und habe mir viele spannende Vorträge angehört. Einige dieser Ideen müssen wir unbedingt umsetzen! Mehr dazu beim Mittagessen. Heute kümmere ich mich um den Bug, den Myrte eben gemeldet hat." (Hängt den roten Bug-Notizzettel in die Spalte „In Arbeit" und reicht den Ball an Fabian weiter.)

Fabian: „Die GUI der erweiterten Auftragssuche ist fertig, DAO habe ich angepasst, Tests laufen sauber durch – die Story ist ‚done'!" (Unter dem Beifall von Kollegin und Kollegen hängt Fabian die Karte mit der User Story in die Spalte „Erledigt".)

Vincent: „Tja, ich hänge immer noch an der Anpassung des Build-Skripts. Da brauche ich gleich mal deine Hilfe, Isabel."

Rolf: „Hätte dir vielleicht einer deiner Kollegen bei dem Problem helfen können?" (Fragender Blick in die Runde.)

Demir: „Hättest mich mal fragen können – ich hätte es zumindest versucht."

Vincent: „Das nächste Mal warte ich nicht so lange …"

Rolf: „Prima." (An alle gewandt) „Schaut doch mal auf unser Sprintziel: ‚Mehr Übersicht im Auftragsdickicht' – das bezieht sich zwar auf unser Produkt … vielleicht könnte ‚Mehr Übersicht und Umsicht' aber auch als Motto für unserer tägliche Zusammenarbeit stehen. Behindert dich sonst noch etwas, Vincent?" (Vincent schüttelt den Kopf; Rolf blickt auf die Uhr.) „Zwölf Minuten – super! Ich aktualisiere noch schnell das Burndown Chart, das dank der fertiggestellten Story wieder eine schöne Treppenkurve aufweist, und gehe dann rüber in die Cafeteria. Wer kommt mit?"

Vincent: „Ich spendiere eine Runde Cappuccino."

Isabel: „Und ich muss euch unbedingt von dem Big-Data-Vortrag erzählen …"

SCRUM-ERFOLGSFAKTOREN

Das Daily Scrum ist eines der regelmäßigen Meetings, die innerhalb eines festen Zeitrahmens (hier: 15 Minuten) stattfinden. Sie sind der Garant für die erfolgreiche Zusammenarbeit, weil sie einen kontinuierlichen Dialog auf der inhaltlichen und der Prozessebene gewährleisten und die nötige Transparenz schaffen. Die zeitliche Beschränkung, das exklusive Rederecht und die Unterstützung durch den Scrum Master sorgen für einen zügigen und zielgerichteten Austausch des Entwicklungsteams über den tagesaktuellen Stand der Dinge, die anstehenden Aufgaben und alle bekannten Hindernisse. Letztere werden (soweit möglich) sofort vom Team beseitigt.

Fortschritt wird in Scrum ausschließlich in Form von fertiggestellten fachlichen Produktfunktionen geplant und gemessen. Dazu wird geplant, welche Produktfunktionen in einem festgelegten Zeitraum (wenige Tage bis hin zu vier Wochen) umgesetzt werden können. Die neuen Funktionen gelten erst dann als fertig, wenn sie vom Kunden benutzt werden können.

Die Verantwortung ist in Scrum klar und überschneidungsfrei auf nur drei Rollen verteilt (Product Owner, Scrum Master und Entwicklungsteam). Auf der Basis des Scrum-Frameworks entsteht ein einfaches, tagesgenaues Controlling, das im Wesentlichen den Abarbeitungsstand der fachlichen Anforderungen und der technischen Aufgaben erfasst. Abweichungen vom prognostizierten Projektverlauf können frühzeitig erkannt und behandelt werden. Die Auswirkungen auf eine übergeordnete Release-Planung werden ebenfalls frühzeitig sichtbar. Mit der Retrospektive am Ende jeder Iteration ist ein kontinuierlicher Verbesserungsprozess für die Produkt- und Prozessqualität fest in Scrum eingebaut.

DIE AGILE VERSICHERUNG

Obwohl ursprünglich für die Softwareentwicklung konzipiert, wird Scrum mittlerweile auch in anderen Bereichen erfolgreich eingesetzt. Bei der BD24 Berlin Direkt Versicherung AG, ein Online-Reiseversicherer, wurde das Scrum-Framework beispielsweise in der Gründungsphase genutzt. Alle erforderlichen Schritte und Funktionen (zum Beispiel BaFin-Anmeldung, Definition der Versicherungsprodukte, Kreditkartenmanagement oder die Anbindung an die Buchungssysteme von Online-Reiseportalen) wurden von einem interdisziplinären Team erarbeitet, dem unter anderem Vertreter aus dem Produktmanagement, der IT und dem Rechnungswesen angehörten. Neben dem hohen Grad an Transparenz gefiel den Teammitgliedern – allesamt Scrum-Neulinge – vor allem das Daily Scrum. Die tägliche Viertelstunde brachte alle auf einen gemeinsamen Wissensstand und führte unterschiedliche Perspektiven zusammen, wodurch manche Anforderung noch einmal überdacht und umformuliert wurde. Nebenbei lernten sich die Kolleginnen und Kollegen aus den unterschiedlichen Abteilungen besser kennen und verstehen und konnten sich gegenseitig effektiver unterstützen.

> Der Herausforderung, eine neue Versicherung in kürzester Zeit aus der Taufe zu heben, wollte ich mit einem Vorgehensmodell begegnen, das mir frühzeitig und kontinuierlich signalisiert, ob wir auf einem guten Weg sind. Es hat sich bestätigt, dass Scrum das geeignete Mittel ist, um eine solche Aufgabe zu meistern. In den kurzen täglichen Treffen konnten schnelle und (dank der Anwesenheit aller Experten) sehr fundierte Entscheidungen getroffen werden. Die hohe Transparenz des Projektstatus erhöhte die Motivation, Aufgaben zeitnah abzuschließen. Dadurch erzielten wir regelmäßig sichtbare Fortschritte, was sich wiederum auf die Stimmung im Team positiv auswirkte. Hohe Umsetzungsgeschwindigkeit, prima Stimmung und gute Ergebnisse: So geht Projektmanagement heute!

Dr. Mirko Kühne, geschäftsführender Prokurist, BD24 Berlin Direkt Versicherung AG

Scrum ist derzeit der prominenteste Vertreter agiler Methoden, aber bei Weitem nicht der einzige. Die Einführung von Scrum bedeutet für viele Produktentwicklungsteams eine radikale Veränderung der Denk- und Arbeitsweise. Scrum entfaltet sein volles Potenzial nur, wenn es komplett eingeführt und konsequent genutzt wird. Sie können sich der agilen Welt aber auch in kleinen Schritten nähern – mit Kanban.

KANBAN

Mehr zum Thema
Software-Kanban:

management-y.de/
software-kanban

Mehr zum Thema
Kaizen:

management-y.de/
kaizen

Das aus der Lean Production stammende Kanban-Prinzip hat zum Ziel, Lagerbestände zu minimieren, damit Kosten zu sparen und die Produktion zu flexibilisieren. David Anderson hat dieses Prinzip auf die Softwareentwicklung übertragen. Beim sogenannten *Software-Kanban* geht es darum, die Durchlaufzeit fachlicher Anforderungen (von der Idee bis zur Produktivsetzung) zu minimieren und die Qualität zu verbessern. Um dies zu erreichen, gilt sowohl beim klassischen als auch beim Software-Kanban das *Kaizen*-Prinzip der kontinuierlichen Verbesserung: Die Wertschöpfungskette wird zunächst für alle sichtbar gemacht, um Engpässe besser erkennen zu können. Erst dann wird sie schrittweise und evolutionär kleinen Änderungen unterzogen, deren Auswirkungen anschließend beobachtet und bewertet werden. Die Bandbreite der Änderungen reicht von der Begrenzung der gleichzeitig in Arbeit befindlichen Aufgaben (Work in Progress, WIP) über die Anpassung der Teamgrößen (um Engpässe zu beseitigen) bis hin zu umfangreichen Prozessoptimierungen.

Kanban ist keine Alternative, sondern eine Ergänzung zu Projektmanagement-Frameworks wie Scrum. Es lässt sich auch mit anderen Denkmodellen wie der *Engpasstheorie* (*Theory of Constraints*) von Eliyahu M. Goldratt kombinieren. Die Stärke von Kanban liegt im evolutionären Ansatz, der im Vergleich zu Scrum eine weniger radikale, schrittweise Einführung erlaubt. Trotzdem lassen sich recht schnell signifikante Verbesserungen erzielen, die sich positiv auf die Denk- und Arbeitsweise der Prozessbeteiligten auswirken können.

Kanban funktioniert nicht nur in der Softwareentwicklung, sondern hat sich beispielsweise in der IT-Systemadministration bewährt. Einige Unternehmen nutzen ein Kanban-System für die Organisation von Vertrieb und Disposition, andere organisieren damit ihre Personalbeschaffung. Und für den privaten Bereich gibt es mit *Personal Kanban* ein mächtiges Werkzeug, um die vielen kleinen und großen Aufgaben des Alltags besser zu koordinieren und schneller abzuarbeiten. Auch die Arbeit an diesem Buch wurde mit einem Kanban-Board organisiert.

Mehr zum Thema
Personal Kanban:

management-y.de/
personal-kanban

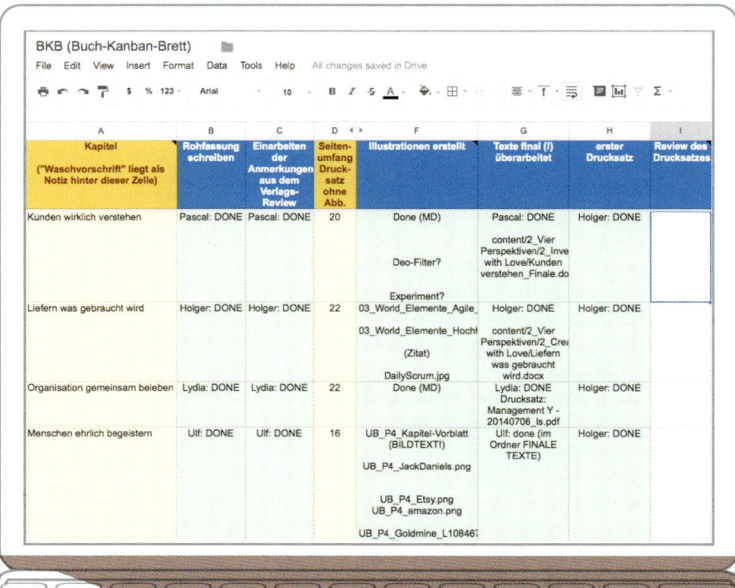

MEIN PRODUKT ÜBERLEBT!

In Zukunft wird man auf die Frage nach dem besten Drucker vielleicht antworten: „Nimm den Agile Printer! Der macht genau das, was man von einem Drucker erwartet – nicht mehr und nicht weniger. Ich nutze ihn seit acht Jahren." Letztlich sehnen wir uns doch alle nach Produkten, die funktionieren und möglichst lange halten. Agile Methoden wie Scrum oder Kanban helfen, genau das zu liefern, was gebraucht wird. Sie entfalten die größte Kraft in Organisationen, in denen Menschen mit einer werteorientierten Denkweise zusammenarbeiten. Wie Unternehmen einer agilen Kultur den bestmöglichen Nährboden bereiten können, erfahren Sie im folgenden Kapitel.

Die Arbeit an diesem Buch wurde mit einem (virtuellen) Kanban-Board organisiert.

LITERATUR

- David J. Anderson: Kanban – Evolutionäres Change Management für IT-Organisationen. dpunkt.verlag 2011
- Jim Benson, Tonianne DeMaria Barry: Personal Kanban – Visualisierung und Planung von Aufgaben, Projekten und Terminen mit dem Kanban-Board. dpunkt.verlag 2013
- Rolf Dräther, Holger Koschek, Carsten Sahling: Scrum – kurz & gut. O'Reilly 2013
- Holger Koschek: Geschichten vom Scrum – Von Sprints, Retrospektiven und agilen Werten. 2., überarbeitete Auflage. dpunkt.verlag 2013
- Sven Röpstorff, Robert Wiechmann: Scrum in der Praxis – Erfahrungen, Problemfelder und Erfolgsfaktoren. dpunkt.verlag 2012
- Ken Schwaber, Jeff Sutherland: Software in 30 Tagen – Wie Manager mit Scrum Wettbewerbsvorteile für ihr Unternehmen schaffen. dpunkt.verlag 2013

ORGANISATION GEMEINSAM BELEBEN

Mehr zu diesem
Blickwinkel:

management-y.de/
beleben

Wir sprechen seit Jahrzehnten über Unternehmenskultur. Es gibt unzählige Berater, Bücher, Blogs, Artikel und Untersuchungen zu diesem Thema. In diesem Buch bieten wir vier Perspektiven auf „Management Y" und Organisation im 21. Jahrhundert: Wie wir Dinge entwickeln und innovieren, wie wir Projekte gemeinsam und erfolgversprechend umsetzen und wie wir unsere Authentizität nicht nur als Menschen, sondern auch als Unternehmen wahren.

Patrick Lencioni,
US-amerikani-
scher Manage-
ment-Buchautor

> An organization is healthy when it is whole, consistent and complete, when its management, operations and culture are unified. Healthy organizations outperform their counterparts, are free of politics and confusion and provide an environment where star performers never want to leave.

97

Dieses Kapitel folgt dem Anliegen, die wesentlichen Grundlagen für eine vitale Unternehmenskultur zu beschreiben. In den beiden vorangegangenen Kapiteln lag der Fokus auf Manifesten, Regeln und Tools – ausgehend von der Annahme, dass diese Werkzeuge auf der Basis einer „guten" Kultur eingesetzt werden. Nun wenden wir uns den Grundlagen dieser Kultur zu. Eine gesunde Kultur ist wie ein Teppich, der eine solide Grundlage für die Bewegung des Unternehmens bietet. Ohne sie ist weder Scrum, Design Thinking, agiles Management oder authentische Kommunikation möglich.

In Gesprächen mit Entscheidern wird häufig deutlich, dass unter dem Begriff „Unternehmenskultur" nicht das verstanden wird, was er an Potenzial in sich birgt. Zudem ist die Kultur mit so vielen weichen Faktoren, scheinbar unsteuerbaren Entwicklungen und Komplexität verbunden, dass viele Führungskräfte oder Unternehmer die Anstrengung einer aktiven Gestaltung ihrer Unternehmenskultur aufgeben. Wir, die Autoren, wollen keine Illusion von Einfachheit erzeugen. Unser Ziel ist, Sie zu inspirieren, die Kultur in Ihrem unmittelbaren Umfeld bewusst anzugehen und zu gestalten. Und wir glauben, dass dies sehr wohl möglich ist. Insbesondere wenn man sich vergegenwärtigt, dass das Ziel sehr lohnend und attraktiv ist: Die Vitalität und Gesundheit eines Unternehmens entscheidet nicht nur über die Atmosphäre und die gemeinsamen Werte. Die Vitalität und Gesundheit eines Unternehmens entscheidet über seinen *Erfolg*.

In einem vitalen Unternehmen erkennen nicht allein die Entscheider frühzeitig, ob es auf Irrwegen unterwegs ist. Sie haben auch keine Hemmungen, diese Irrwege offen anzusprechen. In gesunden Unternehmen halten sich Führungskräfte und Mitarbeiter gegenseitig für ihre Zusagen in der Verantwortung und zögern auch nicht, Kollegen zur Rechenschaft zu ziehen. In gesunden Unternehmen hat jeder Mitarbeiter eine gute Antwort auf folgende Fragen: Warum gibt es unser Unternehmen? Welches Problem lösen wir in der Welt? Und welchen Beitrag leiste ich zum Erfolg des gesamten Unternehmens? In gesunden Unternehmen ist das Ganze mehr als die Summe seiner Einzelteile.

Auf den nächsten Seiten beschreiben wir die wesentlichen Aspekte einer vitalen Organisation. Das Kapitel soll Lust darauf machen, die Unternehmenskultur aktiv zu gestalten, und daran erinnern, dass Sie nicht gleich eine Million Dingen auf einmal angehen müssen. Es sind sechs wesentliche Aspekte, die Sie durch den Prozess tragen. In jedem finden sich praxisnahe, konkrete Fragen oder Anregungen. Sie können also schon morgen beginnen und müssen nicht auf die nächste große Reorganisation oder Leitbilddiskussion warten.

Klarheit
Menschenbild
Potenzialentfaltung
Unterschiede wertschätzen
Mut zu heiklen Diskussionen
Feedback

Die sechs Aspekte einer vitalen Organisation

KLARHEIT

Die Grundlage für eine gesunde und vitale Organisation ist die Beantwortung folgender Fragen:

- Welches Problem lösen wir als Unternehmen oder Organisation?
- Was machen wir besser als andere?
- Warum kann ein Mitarbeiter stolz darauf sein, in unserem Unternehmen zu arbeiten?
- Welche Werte sind uns heilig und welche Reaktion kann jemand erwarten, der diese verletzt?

Stellen Sie diese Fragen, falls sie länger als fünf Jahre nicht beantwortet wurden. Dokumentieren Sie das Ergebnis – und teilen Sie es auch den Mitarbeitern und Kunden mit.

Albert Einstein
(1879-1955)

> So einfach wie möglich, aber nicht einfacher.

Eine Frage könnte auch lauten: Warum gibt es uns? Es klingt so banal, aber hätten Sie auf Anhieb eine Antwort parat? Nach unserer Erfahrung gibt es erstaunlich viele Entscheider, die eben diese Frage nicht klar beantworten können. Zudem kann sich der Unternehmenszweck ändern. Manchmal bewusst und klar, manchmal peu à peu und weniger bewusst. Daher hilft es, diese Fragen alle vier bis fünf Jahre hervorzuholen und eine Diskussion dazu in Gang zu bringen. Meist kommen erstaunliche Antworten heraus, wenn man beispielsweise die Mitarbeiter befragt. Wenn Sie der Versuchung erliegen, zu antworten „Um Geld zu verdienen", sollten Sie noch einmal darüber nachdenken. Kein Unternehmen hat im Kern den Auftrag, Geld zu verdienen. Die Daseinsberechtigung liegt in der Erfüllung von Kundenwünschen, nicht in der Maximierung der Gewinne. Ihre Kunden kommen nicht zu Ihnen, um Sie reich zu machen. Sondern weil sie bei Ihnen etwas Besseres finden – oder zu finden hoffen – als bei einem anderen Anbieter. In den letzten Jahrzehnten haben wir aus den Augen verloren, dass es der Kunde ist, der im Mittelpunkt unserer Anstrengungen steht. Sehr häufig ist an seine Stelle der Shareholder getreten.

> Menschen sind unverbesserliche und geschickte Geschichtenerzähler und sie haben die Angewohnheit, zu den Geschichten zu werden, die sie erzählen. Durch Wiederholung verfestigen sich Geschichten zu Wirklichkeiten und manchmal halten sie die Geschichtenerzähler innerhalb der Grenzen (...), die sie selbst erzeugen halfen.

Jay Efran et al.: Sprache, Struktur und sozialer Wandel (1992), S. 115

Dieses schon sehr alte Zitat erinnert uns daran, welchen uralten Mechanismen wir folgen: Wir erzählen uns Geschichten und kreieren somit eine gemeinsame Identität. Daher ist es gut, die eigene Unternehmensgeschichte inklusive der Unternehmensziele in Geschichten zu verpacken. Diese können und sollen immer wieder zitiert werden und eine Rolle spielen, wenn Mitarbeiter sich begegnen. Das erinnert an das große Ganze, dem man sich gern verpflichtet fühlt, und sorgt dafür, dass die Beteiligten eines Unternehmens sich gerne in dessen Dienst stellen.

Ein gelungenes Beispiel dafür liefert das US-amerikanische Unternehmen Zappos. Als Online-Schuhhandel ist es eigentlich nicht prädestiniert, per se einen bedeutenden gesellschaftlichen Beitrag zu leisten. Doch Tony Hsieh, der CEO von Zappos, versteht es, einen sehr eigenen und wirkungsvollen Akzent zu setzen. Er misst den Unternehmenserfolg an dem Faktor „Happiness". In seinem Buch *Delivering Happiness* beschreibt er eingängig und inspirierend, wie das funktioniert. Um ein Beispiel zu nennen: Zappos hat ein sogenanntes Culture-Book entwickelt, in dem alle Mitarbeiter einmal pro Jahr persönlich beantworten, was Zappos für sie bedeutet. Diese gesammelten anonymen und unzensierten Zitate werden in einem Buch veröffentlicht und allen Mitgliedern der Organisation und den Stakeholdern zur Verfügung gestellt. Daraus ergibt sich eine Unternehmensgeschichte, wie sie lebendiger, authentischer und partizipativer kaum sein kann.

Neben der ursächlichen Frage nach der Existenzberechtigung der Organisation gibt es weitere Fragen zu beantworten, um die Vitalität der Organisation zu gewährleisten, denen wir uns im Folgenden widmen.

MENSCHENBILD

Douglas McGregor
(1906-1964),
Professor für
Management am
Massachusetts Ins-
titute of Technology
(MIT)

> Mitarbeiter müssen nicht angetrieben werden. Wenn sie sich einem ge-
> meinsamen Ziel verpflichtet fühlen, dann treiben sie sich selbst viel wir-
> kungsvoller an, als jeder Chef sie antreiben könnte.

Seit Persönlichkeitstests wie DISG, Insights oder MBTI Einzug in die Welt der
Personalabteilungen, Coachings und Trainings gehalten haben, wissen sehr
viele Menschen mehr über sich und warum sie mit „Grünen", „Roten" oder
„Blauen" ein Problem haben. Das ist ein interessanter und guter Reflexionsansatz.

Einen weiteren interessanten Reflexionsansatz bietet die Theorie X/Y von
Douglas McGregor, die wir bereits im ersten Teil „Mehr Menschlichkeit im
Management!" vorgestellt haben. Da sie wesentlich für die vitale Organisation
ist, kommt in diesem Kapitel noch ein spezieller Aspekt zum Ausdruck.

McGregor fand heraus, dass jeder Mensch zu einem von zwei Menschenbildern tendiert. Entweder denkt er über die anderen, dass sie tendenziell faul
seien, Verantwortung scheuten und Druck benötigten, um Leistung zu zeigen.
Oder er denkt, die anderen seien in der Grundwahrnehmung intrinsisch motiviert, leisteten gerne etwas und übernähmen gerne Verantwortung. Doch
McGregor entdeckte noch etwas anderes: In den meisten Unternehmen wirkt
ein systemischer Mechanismus, der X-Haltungen geradezu produziert. Hierzu
untersuchte McGregor in seinen Forschungen die Selbst- und Fremdwahrnehmung.

Das erstaunliche Ergebnis ist: Die meisten Menschen denken über sich
selbst, sie seien eigenmotiviert und übernähmen gern Verantwortung (Y-Hal-
tung). Über andere denken die meisten allerdings anders. Sie gehen davon aus,
die anderen seien nicht motiviert, arbeiteten ungern und trügen auch ungern
Verantwortung. Das hat Auswirkungen auf ihr eigenes Verhalten, denn wenn
sie davon ausgehen, dass der andere Druck braucht, um zu arbeiten, dann üben
sie auch Druck aus. Wenn also Führungskräfte ihre Mitarbeiter und Kollegen
eher als X identifizieren, werden sie Zeiten messen, Berichte anfordern, Kon-

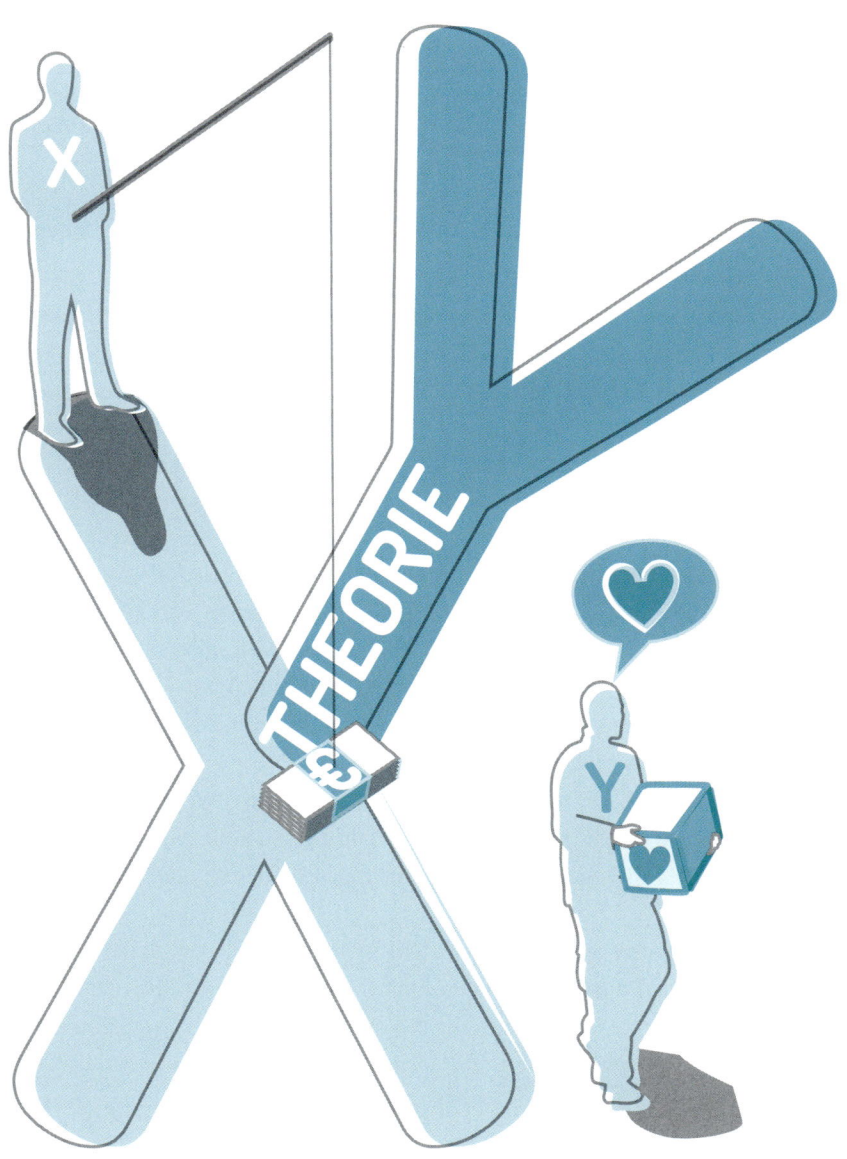

trolle ausüben, Boni zahlen, Facebook sperren et cetera. Somit vermitteln sie den anderen ein Gefühl von Misstrauen. Das traurige Fazit: Mitarbeiter, denen Geringleistung unterstellt wird und die sich häufigen Kontrollen unterziehen müssen, agieren mit der Zeit erwartungskonform – als X –, egal ob sie ursprünglich intrinsisch motiviert und engagiert waren oder nicht.

Es ist davon auszugehen, dass in einer Vielzahl von Unternehmensleitungen die Theorie X noch immer vorherrscht. Dort werden meist Werte entwickelt, die modern und gefällig klingen. Diese Werte beruhen aber auf einer anderen Philosophie, die dann ungebremst auf die Unternehmenswerte prallt. Das Ergebnis sind paradoxe Botschaften. „Arbeite vertrauensvoll mit anderen zusammen" lautet der Wert. In der Realität jedoch gibt es Kernarbeitszeiten, Einzelboni und Beförderungen für den Einsatz von Ellenbogen. Einige Fragen, die zum Nachdenken anregen:

Bei der Bewertung der eigenen Grundhaltung (X oder Y) unterscheidet sich oft die Eigenwahrnehmung von der Fremdwahrnehmung.

- Wenn Sie Ihr eigenes Menschenbild hinterfragen und Ihr Verhalten bei der Delegation von Aufgaben beobachten: Neigen Sie zur Kontrolle? Wenn ja: Was ist der Auslöser?
- Passt das vorherrschende Menschenbild in Ihrem Unternehmen zu den proklamierten Werten? Wenn nein: Wie können Sie das auf Ihrer Ebene thematisieren?
- Passt Ihr eigenes Menschenbild zu den Werten des Unternehmens?
- Wenn Sie an einen Menschen denken, den Sie gut kennen und der in das Y-Schema passt: Was würde dieser in Feedback-Gesprächen oder Meetings sagen oder denken?
- Wenn Sie zur Theorie X neigen: Geben Sie dem Y eine Chance! Es wird immer Menschen geben, die das X verkörpern. Überlegen Sie, welches Leben dieser Mensch hatte, wie er erzogen wurde und welche Erfahrungen er in Unternehmen oder Organisationen gemacht hat. Machen Sie sich klar, dass Sie Menschen in Ihrer Umgebung beeinflussen – mit Ihrem eigenen Menschenbild. Das gilt insbesondere, wenn Sie Menschen führen.

Wer bislang zu X neigte und ein Y-Verhalten für sich ausprobieren und stärken möchte, kann keine Spontanheilung erwarten. Zu einer Haltung entsprechend der Theorie Y gehören Geduld (auch mit sich selbst) und das Vertrauen, dass das Potenzial sich entfalten wird, wenn es genügend Raum hat. Es ist noch keine Karotte schneller gewachsen, nur weil man an ihr zieht.

POTENZIALENTFALTUNG

> Das ist der Grund, warum wir bei all dem, was wir mit Begeisterung machen, auch so schnell immer besser werden. Jeder kleine Sturm der Begeisterung führt gewissermaßen dazu, dass im Hirn ein selbst erzeugtes Doping abläuft. So werden all jene Stoffe produziert, die für alle Wachstums- und Umbauprozesse von neuronalen Netzwerken gebraucht werden. So einfach ist das: Das Gehirn entwickelt sich so, wie und wofür es mit Begeisterung benutzt wird.

Gerald Hüther, deutscher Neurobiologe

Seit Neurobiogie, Psychologie und Pädagogik aufeinander zugehen, Informationen austauschen und voneinander und miteinander lernen, sind einige sehr nützliche und interessante Erkenntnisse auch für den Wirtschaftskontext entstanden. Zum Thema Potenzialentfaltung gehört die ganz wesentliche Frage, wie und warum wir lernen. Der Neurobiologe Gerald Hüther hat hierzu grundlegende Gedanken beigesteuert, die nicht nur nachvollziehbar, sondern auch wissenschaftlich fundiert sind: Menschen lernen dann, wenn sie sich für etwas begeistern. Sie lernen gar nicht oder nur schlecht, wenn sie dazu gezwungen werden.

Mehr zu Gerald Hüther:
management-y.de/gerald-huether

Dass auch Erwachsene besser lernen, wenn sie sich für etwas begeistern, liegt auf der Hand. Folglich sollten wir in Unternehmen dafür Sorge tragen, dass diese Begeisterung nicht nachlässt. Dennoch sind Worte wie „Begeisterung", „Inspiration" oder „Ermutigung" im Unternehmensalltag eher ungewöhnlich. Sie klingen nach Kindergarten und nicht nach einer erfolgreichen Unternehmensstrategie. Doch wenn wir vor komplexen, neuartigen oder sehr herausfordernden Problemen stehen, ist Begeisterung erfolgversprechender als ein finanzieller Bonus – das sagten schon Douglas McGregor und Maria Montessori und die moderne Hirn- und Verhaltensforschung beweist es aufs Neue.

Neben der Begeisterung gibt es zwei weitere starke Aspekte für die Entfaltung von Potenzialen. Es gelingt uns besonders gut, wenn wir ein Gefühl der Zugehörigkeit empfinden, gleichzeitig wachsen dürfen und Gestaltungsräume bekommen. Im Familienkontext bedeutet das, den Schoß der Familie zu spüren, bedingungslos geliebt und gleichzeitig losgelassen zu werden, um Dinge auszuprobieren. Mit zunehmendem Alter wachsen sowohl die Abstände, in denen man den Schoß der Familie benötigt, als auch der Wunsch, „ohne Leine" zu laufen.

Wie können wir in Teams ein Gefühl von Zugehörigkeit fördern und wie stärken wir Entfaltung und Wachstum? Hier einige Anregungen:

- Schaffen Sie persönliche Boni ab, denn sie führen zu Egoismus und Tunnelblick.
- Gehen Sie mit einem Problem in ein Team-Meeting und bitten Sie um Unterstützung. Geben Sie den Unterstützern genügend Raum für den Lösungsprozess (das erfordert Ihrerseits ein Loslassen).
- Ermutigen Sie die Kollegen, in ungewöhnliche Richtungen zu denken, und bewerten Sie frische Ideen nicht sofort. „Das klingt interessant – wie können wir das weiterdenken?" ist eine deutlich inspirierendere Antwort als „Lieber Herr Meier, wie soll das denn bitte in der Praxis funktionieren?"
- Stellen Sie in einem Feedback-Gespräch folgende Fragen: „Was glauben Sie, wie viel Prozent Ihres Potenzials wir hier nutzen? Wie zufrieden sind Sie mit diesem Wert? Was kann ich tun, damit er höher ausfällt?"

Auch für Meetings gibt es ein sehr einfaches und dabei sehr wirkungsvolles Prinzip: Trennen Sie Informations- von Brainstorming-Meetings und terminieren Sie Brainstormings großzügig. Lassen Sie Brainstorming-Meetings moderieren und nutzen Sie Kreativitätstechniken, die zum Lachen und Ausprobieren einladen. Ein Meeting ist in der Regel viel energiegeladener, wenn alle etwas beitragen können. In diesen Momenten entfalten sich die Potenziale fast automatisch. In der Praxis wird aber häufig nicht zwischen Informationsweitergabe und gemeinsamen Denkprozessen unterschieden.

Sobald wir anerkennen, dass wir mit Potenzialentfaltung leistungsfähiger und dabei menschlicher sind, bekommt der Begriff „Human Resources" einen fahlen Beigeschmack. Wir denken viel zu häufig mechanistisch über die Ressource Mensch und vergessen, dass die Menschen die Ressourcen besitzen bzw. sie entwickeln und zur Verfügung stellen – oder eben nicht. Das ist ihre eigene Entscheidung. Vordenker im Bereich Personalmanagement nehmen sich dieses Themas genauer an und sprechen von *Resourceful Humans*.

Mehr zu Resourceful Humans:
management-y.de/resourceful-humans

UNTERSCHIEDE WERTSCHÄTZEN

In seinem Buch *Soziale Ungleichheit – kein Thema für die Eliten* zeigt Autor Michael Hartmann auf, wie in den „oberen Etagen" Positionen besetzt werden. Dabei werden – häufig unbewusst – Ähnlichkeiten und Codes gesucht, die dem Entscheider selbst zu eigen sind. Hier spielt die eigene Sozialisation eine große Rolle. Bis vor einigen Jahren hat es sehr geholfen, sich in allen Themen der sogenannten Hochkultur auszukennen. Das Erkennen einer Partitur, die Verwendung eines Schiller-Zitats, der Verweis auf die Klavierstunden in der Kindheit, die Erwähnung des letzten Besuchs im MOMA: Man fand Anknüpfungspunkte – oder hatte schlechte Karten.

Mehr zum Thema Diversität:
management-y.de/innovationsfaktor-diversity

Die Themen haben sich in den letzten Jahren gewandelt. Laut Hartmann wird der Stallgeruch heute eher an körperlicher Fitness, Willensstärke und dem Interesse an Gesundheit festgemacht. Das Prinzip jedoch ist das Gleiche geblieben. Die wesentliche Erkenntnis ist, dass wir bei der Auswahl von Personen für eine Zusammenarbeit Homogenität bevorzugen – und zwar unbewusst. Wir vertrauen Menschen eher, wenn sie uns ähneln; instinktiv suchen wir nach verbindenden Merkmalen. Vermutlich tut sich deshalb ein seit Jahrzehnten gewachsenes rein männliches Vorstandsgremium schwer mit der Einstellung einer Frau. Auch ein Aufsichtsrat mit Migrationshintergrund ist eher selten. Aber denken wir wirklich, dass beispielsweise Frauen oder Menschen mit Migrationshintergrund weniger in der Lage wären, solche Ämter zu bekleiden? Nein,

Kurt Brugger,
Schweizer
Fleischfabrikant

Wenn sich **alles gleicht,** zählt der **Unterschied.**

wir stellen einfach instinktiv die Menschen ein, die uns am nächsten sind. Doch berauben wir uns nicht damit einer Vielzahl von neuen Möglichkeiten und produktiven Ansätzen?

Zahlreiche Studien belegen, dass die Innovationskraft und somit auch der Geschäftserfolg von der Vielfalt der Belegschaft und der Teams profitiert. Unternehmen mit einem hohen Frauenanteil im Top-Management arbeiten effizienter und rentabler und sind damit wettbewerbsfähiger. Ebenso gibt es einen nachgewiesenen starken Zusammenhang zwischen der Diversität von Teams und ihrer Problemlösungs- und Innovationsfähigkeit. Die Perspektivenvielfalt führt zu mehr Kreativität. In Regionen, in denen viele Hochqualifizierte mit Migrationshintergrund beschäftigt sind, melden Unternehmen besonders viele Patente an.

Erfolgreiche Teams (hinsichtlich Innovationskraft) unterscheiden sich von durchschnittlichen nicht nur durch die Vielfalt ihrer Herkünfte, Meinungen und Lebensformen. Sie unterscheiden sich vor allem, wie sie mit diesen Unterschieden umgehen. Sie schätzen Andersartigkeit und erleben Gegenargumente nicht als Angriff, sondern als hilfreiche neue Perspektive. Sie versuchen, neue Perspektiven miteinander zu erkunden, und laden sich gegenseitig dazu ein. Das ist also keine Technik oder Methode, die „implementiert" werden kann, sondern ein Reifeprozess in einer sozialen Gruppe. Und auch wenn dieser Reifeprozess nicht von heute auf morgen passieren kann, kommen hier einige Anregungen, wie Sie sofort Akzente setzen können, um diese Vielfalt zu fördern:

- Fragen Sie aktiv nach anderen Meinungen. Insbesondere als Führungskraft geben Sie ein gutes Beispiel ab, wenn Sie Ihre Kollegen und Mitarbeiter aktiv nach Widerspruch fragen. „Was könnte ein Gegenargument gegen meine Idee sein?"
- Hören Sie sich andere Meinungen in Ruhe an. Viele Menschen gehen sofort in den Erklärungsmodus, wenn sie Widerspruch wahrnehmen. Hören Sie lieber aufmerksam zu.
- Gehen Sie bei Widerspruch oder Kritik in den Modus eines Entdeckers und erforschen Sie die Meinung des anderen wie ein fremdartiges Gebiet: Wie

kommt sie/er zu dieser Meinung? Was treibt sie/ihn an? Welches ist der Vorteil dieser Meinung?

- Suchen Sie bei Vorstellungsgesprächen Kandidaten aus, die augenscheinlich nicht zu Ihrem Unternehmen passen, und erkunden Sie deren Perspektive.
- Beziehen Sie Kollegen in Meetings ein, die aller Voraussicht nach eine konträre Meinung zu Ihrer haben, und wertschätzen Sie diese Meinung öffentlich.

Wir sind kulturhistorisch nicht prädestiniert, in der Andersartigkeit das Gute zu suchen. Die sozialen und berufssozialen Akzente beruhten in den letzten Jahrzehnten auf anderen Prämissen. Wir haben eher gelernt, nicht aufzufallen, alles richtig zu machen und den wichtigen Menschen zu gefallen. Es ist eine ziemliche Herausforderung, dieses Erbe abzuschütteln, anders und neu zu denken und zu handeln. Hier können einfache Denkwerkzeuge helfen. Brainstorming funktioniert auch besser, wenn sich jeder an die einfache, aber strenge Regel hält: keine Kritik. In offenen Gesprächen oder Workshops ist es ratsam, klare Regeln für den Umgang mit Widersprüchen oder neuen Ideen zu finden. Hilfreich kann auch ein Moderator sein, der explizit für die Einhaltung der Regeln Sorge trägt.

Vielleicht schreiben Sie beim nächsten Workshop das Wort „erkunden" auf ein Flipchart und erklären es zum Prinzip des Workshops.

MUT ZU HEIKLEN DISKUSSIONEN

Unbekannt

> Wenn zwei in einem Raum die gleiche Ansicht haben, ist einer überflüssig.

Versetzen Sie sich gedanklich in eine Vorstandssitzung. Es soll über die Investition in ein neues Produkt entschieden werden. Die Vorarbeit hat Monate gedauert, das Entwicklungsteam möchte endlich loslegen, der Finanzchef hat die letzten Nächte durchgearbeitet und alle wollen jetzt einen positiven Bescheid. Aber das Bauchgefühl, die Intuition, vielleicht auch die letzten Befragungen von Kunden sagen eher „Nein".

Über den Verlauf dieser Vorstandssitzung entscheidet der Mut der Beteiligten: In einer Kultur von Ja-Sagern, die vor allem keine Fehler machen wollen, neigt niemand dazu, offen seine Bedenken zu äußern, wenn diese nicht lückenlos belegbar sind. Doch gerade kontroverse Diskussionen über ambivalente Themen sind das Besondere und Wertvolle – sonst könnten wir auch einfach Computerprogramme entscheiden lassen. Dies aber tun wir nicht. Warum? Weil wir Menschen brauchen, die das große Ganze erkennen und mutig genug sind, Einspruch zu erheben, sobald ein Zweifel sie beschleicht.

Interessant wird die Kultur gerade dann, wenn man zu unterschiedlichen Bewertungen einer Situation kommt. In seinem Buch *Death by Meeting* beschreibt Patrick Lencioni die Voraussetzung für ein Meeting so: Es muss spannender sein als ein Kinofilm. Und das ist nur möglich, wenn unterschiedliche Meinungen im Raum stehen und diese auch ausgesprochen werden.

Ob Sie mutig genug sind, heikle Dinge in Ihrem Unternehmen anzusprechen, können Sie anhand der folgenden Fragestellungen überprüfen:

110

Ein Meeting muss spannender sein als ein Kinofilm, sagt Patrick Lencioni, US-amerikanischer Management-Buchautor. Das funktioniert am besten, wenn der äußere Rahmen stimmt.

- Werden unangenehme, aber wichtige Themen offen angesprochen? Ist es möglich, einen Kollegen im Führungskreis offen zu fragen, warum er ein To-do nicht erledigt hat, oder löst das sofort eine politische Debatte aus?
- Äußern Sie Bedenken, auch wenn Sie diese nicht klar formulieren oder begründen können?
- Werden diese Bedenken ernst genommen und von den anderen zu ergründen versucht?
- Werden Themen und Argumente in Meetings so artikuliert, dass man sich mit der Äußerung verletzlich macht?
- Wird mit der Verletzlichkeit wohlwollend umgegangen oder gehen Sie mit einem Messer im Rücken aus dem Meeting?
- Gehen Sie gern in Meetings, weil Sie dort offene und klare Meinungen hören und an der Zukunft des Unternehmens mitwirken können?

Wenn Sie bislang dachten, Sie wären mutig genug für heikle Dialoge – sind Sie es noch immer? Eine gemeinsame Kultur, in der diese Fragen mit Ja beantwortet werden, ist von unschätzbarem Wert für das Unternehmen. Sie ist der beste

Besprechungs -
Raum

Schutz vor Fehlentscheidungen und kann über den Erfolg des Unternehmens entscheiden. Gleichzeitig hält eine solche Kultur Teams und Einzelpersonen in der Verantwortung. Die berühmten schwarzen Löcher, in denen Aufgaben so gerne verschwinden, tauchen in solchen Unternehmen deutlich seltener auf.

Die Voraussetzung dafür ist gegenseitiges Vertrauen. Nur Teams, deren Mitglieder einander vertrauen, sind in der Lage, Zweifel und Bedenken offenzulegen. In solchen Teams können fehlende To-dos ebenso wie persönliche Schwächen angesprochen werden, immer in dem Bewusstsein, der gemeinsamen Aufgabe verpflichtet zu sein. Nie in dem Gedanken, einander schwächen oder vorführen zu wollen.

Die Kommunikationskultur in Unternehmen lässt häufig wenig Raum für die Erkundung anderer Meinungen. Ein häufiges Reaktionsmuster ist die reflexartige Argumentation gegen eine andere Meinung. Dabei steckt in der Fähigkeit der Erkundung so viel Potenzial. Hier ein paar Beispielfragen, die Sie in der Diskussion ausprobieren können:

- Wie sind Sie zu dieser Meinung gelangt?
- Wie würden Sie Ihre Meinung begründen, wenn ich das genaue Gegenteil behauptete?
- Welches ist das stärkste Argument, das mich von Ihrer Meinung überzeugen könnte?
- Ich bin sehr skeptisch, was Ihre Argumente betrifft, können Sie das verstehen? Geben Sie mir bitte noch ein paar Hintergrundinformationen, damit ich Sie besser verstehen kann.
- Können Sie das grafisch darstellen? Ich glaube, dann verstehe ich es besser.
- Was haben Sie erfahren oder erlebt, um zu dieser Überzeugung zu gelangen?

All das sind einfache und offene Fragen. In der betrieblichen Praxis sind sie selten zu hören. Wir sind zu sehr damit beschäftigt, uns zu profilieren und unsere eigene Meinung durchzusetzen. Auch gegen die Interessen des großen Ganzen. Die angebotenen Fragen sollen helfen, eine neue Spielart der Auseinandersetzung auszuprobieren. Und das erfordert Mut.

FEEDBACK ODER BONUSSYSTEME

Carol S. Dweck,
Professorin für
Psychologie an der
Stanford University

> Did I win? Did I lose? Those are the wrong questions. The correct question is:
> Did I make my best effort?

Die meisten Unternehmen haben auf die Frage, was Menschen und Mitarbeiter motiviert, im Wesentlichen zwei Antworten: Geld und Feedback. Und sind damit im Irrtum. Erfahrungen und Forschungsergebnisse zeigen jedoch:

- Man verbessert geistige Leistung nicht durch finanzielle Anreize.
- Feedback auf das Ergebnis verhindert Lernbereitschaft und geistiges Wachstum.

Die meisten Unternehmen arbeiten noch immer nach dem Prinzip der leistungsbezogenen Vergütung. Das ist bereits mehrmals in diesem Buch angeklungen. Dabei hat dieses Prinzip zwei wesentliche Nachteile. Zum einen wird ein leistungsbezogener Gehaltsanteil in der Regel nur zwei Mal als zusätzlicher Anreiz gesehen. Wenn er beim dritten Mal nicht ausgezahlt wird, ist die Reaktion eher Frustration, Kränkung und/oder Demotivation. Der Gewöhnungseffekt setzt also sehr schnell ein. Dieses Gefühl wird stärker, wenn der Mitarbeiter feststellt, dass der Bonus schon bei der Budgetplanung berücksichtigt worden war – und somit nicht zusätzlich, sondern wie geplant ausgeschüttet wird. Der zweite Nachteil ist, dass man nicht abhängig vom Gehalt mehr oder weniger „gut" (mit)denkt. Es ist dem Menschen schlicht nicht möglich, seine geistige Leistung und innere Einstellung nach dem Gehalt auszurichten: Man entwickelt nicht automatisch eine 1,8-mal höhere Motivation, nur weil man einen 1,8-fachen Bonus eingestrichen hat. Der linear gekoppelte finanzielle Anreiz funktioniert lediglich bei mechanischen Tätigkeiten, nicht bei geistigen.

Mehr zu Dan Pink:
management-y.de/
dan-pink

Allen Zweiflern legen wir, die Autoren, das zehnminütige Video von Daniel Pink, einem gefeierten Sachbuchautor zum Thema Motivation, ans Herz. Er macht nicht nur deutlich, dass Geld als Motivationsquelle seinen Zweck nicht erfüllt, sondern zeigt zudem, dass das genaue Gegenteil der Fall ist: Je höher die Bezahlung einer Denkleistung, desto schlechter fällt das Ergebnis aus. Dieser unterhaltsame Kurzfilm stammt aus der Reihe „RSA Animates". Die Britische Royal Society for the Encouragement of Arts, Manufactures and Commerce – kurz RSA – hat Vorträge bekannter Autoren und Wissenschaftler mit Zeichnungen unterlegt, die aktuelle Forschungsergebnisse für ein breites Publikum unterhaltsam und eingängig vermitteln. Weitere Themen sind unter anderem der Wandel im Bildungssystem, Empathie, Wirtschaft und Gesellschaft. Das bedeutet nicht, dass Geld unwichtig ist. Aber Geld ist weniger eine Motivationsquelle als ein Hygienefaktor. Es wird zwischen MitarbeiterIn und Vorgesetzten immer und immer wieder Auseinandersetzung um Geld geben, solange ein Mitarbeiter sich nicht fair bezahlt fühlt, seine Bezugsgruppe deutlich mehr verdient oder er/sie nicht davon leben kann. Ein vernünftiges Grundgehalt motiviert nicht, sondern es bereinigt den Konflikt um das Gehalt.

Wenn nicht das Gehalt motiviert, was ist es dann? Kommen wir zur zweiten Antwort, die Unternehmen bis dato gefunden haben: Wertschätzung im Sinne von positiver Rückmeldung. Dem Thema Feedback und seinen Auswirkungen hat sich die sogenannte Positive Psychologie angenommen und einige erstaunliche Ergebnisse hervorgebracht. Eine wesentliche Protagonistin auf diesem Feld ist die US-amerikanische Psychologin Carol Dweck. Sie hat erforscht, welche Arten von Feedback es gibt und wie sie auf den Gesprächspartner wirken. Sie unterscheidet zwischen *Feedback auf Ergebnisse* und *Feedback auf Anstrengung* (engl. „effort").

In ihrem Buch *Mindset* unterscheidet sie zudem zwischen Menschen, die „growth minded" oder „fixed minded" sind. Growth minded sind Menschen, die Lust auf Lernen, Herausforderung und sogar Überforderung haben. Nach einer erledigten Aufgabe wollen sie eine noch schwerere meistern. Sie sind selten frustriert, weil sie wissen, dass sie nur zu üben brauchen, um etwas zu vollbringen. Menschen, die fixed minded sind, glauben von sich, dass sie eine gewisse „fixe" Intelligenz besitzen, die unveränderbar ist. Halten sie sich für intelligent, werden sie viele, auch schwere Aufgaben meistern. Scheitern sie an einer Aufgabe, sind sie frustriert und glauben, dass diese Aufgabe nicht für ihre „Art" von Intelligenz gemacht ist. Um ihr Ergebnis nicht zu gefährden, wollen sie immer nur Aufgaben des gleichen oder ähnlichen Schwierigkeitsgrads lösen. Die große Neuigkeit, die Dwecks Forschung bereithält, ist die Tatsache, dass die Art und Weise, wie wir Feedback erhalten, großen Einfluss darauf hat, ob wir uns eher „fixed" oder „growth minded" verhalten.

Unternehmen haben – bewusst oder unbewusst – unterschiedliche Feedback-Kulturen mit ihren dahinter verborgenen Menschenbildern. Beispielsweise neigen viele Unternehmensberatungen dazu, ausschließlich auf Ergebnisse zu setzen. Sie stellen ihre High Potentials ausschließlich nach Noten und Erfolgen ein. Sie glauben fest daran, dass sie hochintelligente Menschen einstellen, die mit ihrem IQ alles lösen können. Es werden „fertige Menschen" gesucht.

Feedback wird auf Basis von Erfolgen und Ergebnissen gegeben. Ignoriert wird dabei die Tatsache, dass Situationen und Ergebnisse nicht immer steuerbar sind. Wenn man ein Unternehmen berät, ist das Ergebnis sogar häufig nur sehr bedingt beeinflussbar. Es gibt Situationen, in denen das gewünschte Ergebnis nicht erzielt wird, obwohl man sich unglaublich angestrengt hat. Wenn auf eine unglaubliche Anstrengung ein negatives Feedback folgt, wie wird sich der Mitarbeiter einer Beratung fühlen? Motiviert für das nächste Projekt? Oder wird er mit Selbstzweifeln und Frustration reagieren?

In unseren vernetzten und dynamischen Märkten müssen Unternehmenslenker immer mehr eingestehen, dass vollkommene Steuerbarkeit und Planbarkeit eine Illusion ist. Und dennoch tragen wir häufig das Diktat des Ergebnisses mit uns herum. Carol Dweck ermutigt an dieser Stelle, die Anstrengung zu loben. Unabhängig vom Ergebnis.

Die Veränderung des Feedback-Verhaltens ist eine nicht zu unterschätzende Aufgabe, welche Aufmerksamkeit und Übung erfordert. Die meisten von uns sind seit der Kindheit daran gewöhnt, für Ergebnisse gelobt oder getadelt zu werden. Den Fokus auf die Anstrengung und den gegebenenfalls erreichten Fortschritt durch die Anstrengung zu legen ist eine Herausforderung.

Hier sind einige Beispiele, wie ein „effort"-bezogenes Feedback klingen kann:

- Sie haben wirklich hart an diesem Projekt gearbeitet. Ich weiß das zu würdigen.

- Auch wenn wir den Vorstand noch nicht überzeugen konnten, hat es mich beeindruckt, wie sehr Sie sich für diese Präsentation ins Zeug gelegt haben.
- Ich bewundere, wie konzentriert und ausdauernd Sie bei der Arbeit sind.
- Sie haben sich in den letzten Monaten stark verbessert. Ich habe den Eindruck, dass Sie wirklich Ihr Bestes geben. Danke!
- Ich finde es toll, dass Sie an so vielen Lösungsmöglichkeiten gearbeitet haben, und bin sicher, dass wir mit einer davon Erfolg haben werden.
- Sie haben eine sehr ambitionierte Aufgabe angenommen. Das begeistert mich. Das wird eine Menge Arbeit für Sie bedeuten und ich versichere Ihnen, dass ich Sie dabei unterstütze, wo ich kann.
- Ihre Begeisterung für diese Arbeit ist wirklich ansteckend.
- Wir haben zwar noch nicht das beste Ergebnis erzielt, aber wenn wir die Sache mit dem gleichen Elan wie zuvor anpacken, dann werden wir es schaffen.

Wir, die Autoren, wissen aus eigener Erfahrung, dass diese Art von Wertschätzung ein Umdenken und viel Übung erfordert. Das ist nicht einfach, aber „growth minded people" werden sich dieser Aufgabe gewachsen fühlen.

FAZIT

Alle vorangegangen Themen sind wichtig für den besagten „Teppich der Unternehmenskultur". In jedem Unternehmen wird es Teile geben, die bereits recht gut funktionieren, und andere, die noch mehr Aufmerksamkeit, Achtsamkeit oder Veränderung benötigen. Feiern Sie auch die Themen, in denen Sie schon gut unterwegs sind, und erfreuen sich daran. Der Fokus auf das noch nicht Erreichte ist sicherlich gut für den Fortschritt, aber auch der will ja mit Elan und positiver Energie erreicht werden. Dafür hilft auch immer mal wieder ein Blick auf das Erreichte und das Klopfen auf die Schultern, die das ermöglicht haben.

Im nächsten Kapitel widmen wir uns der Bedeutung von Marken, Produkten und Dienstleistungen. Wir gehen der Frage nach, warum Authentizität so wichtig für uns Menschen ist und wie sie im Kontext von Unternehmensentwicklung, Recruiting, Marketing und Produktion Einsatz finden kann.

LITERATUR

- Carol Dweck: Selbstbild: Wie unser Denken Erfolge oder Niederlagen bewirkt. Piper, 4. Auflage 2009
- Michael Hartmann: Soziale Ungleichheit – Kein Thema für die Eliten? Campus 2013
- Tony Hsieh: Delivering Happiness: A Path to Profits, Passion, and Purpose. Business Plus 2011
- Gerald Hüther: Was wir sind und was wir sein könnten – Ein neurobiologischer Mutmacher. Fischer, 5. Auflage 2013
- Patrick Lencioni: Tod durch Meeting – Eine Leadership-Fabel zur Verbesserung Ihrer Besprechungskultur. Wiley-VCH 2009
- Daniel H. Pink: Drive: Was Sie wirklich motiviert. Ecowin, 3. Auflage 2010

Bedeutung
Erlebnis
Preis
Leistung
Marke
Kanäle

LEISTUNG
BEDEUTUNG

ANGEBOT
ANGEBOT

Wie entsteht Begeisterung?

MENSCHEN EHRLICH BEGEISTERN

Mehr zu diesem Blickwinkel:

management-y.de/ begeistern

Welche Marken bedeuten uns etwas? Mit welchen identifizieren wir uns? Welche Anbieter und Dienstleistungen lieben wir? Was unterscheidet Produkte, denen wir alles verzeihen würden, von solchen, die wir morgen bedenkenlos durch ein anderes ersetzen würden?

Die Bedeutung von Produkten und Dienstleistungen speist sich aus vielen Quellen. Klassischen Erfolgsfaktoren wie Bedarf, Qualität und Markenimage widmet sich längst eine umfassende Literatur. Im 21. Jahrhundert haben weitere Aspekte Bedeutung gewonnen, wie etwa Authentizität. Auf diese weiteren Faktoren wollen wir im Folgenden eingehen. Sie scheinen eher Ausdruck von Haltungen zu sein als von Checklisten und Empfehlungen, von richtig oder falsch. So bietet dieses Kapitel eingangs vor allem Anregungen zur Reflexion. Der letzte Abschnitt dieses Kapitels empfiehlt zahlreiche konkrete Handlungsmöglichkeiten, von denen wir einige im nachfolgenden Teil des Buchs weiter vertiefen.

Siehe auch „…. und 24 Möglichkeiten, jetzt zu handeln"

119

Wenn unser Angebot Kunden begeistern soll, spielen viele Faktoren eine Rolle – nicht nur die angebotene Leistung.

WORKING IN THE OPEN – ARBEITEN AUF OFFENER BÜHNE

Mitchell Baker betritt die Hauptbühne der re:publica. Der Saal der weltweit größten Konferenz über das digitale Zeitalter ist überfüllt. 1.500 Konferenzbesucher, Blogger und Journalisten freuen sich auf die Leiterin von Mozilla – jener Stiftung, die den Mut hatte, der unbesiegbar erscheinenden Marktmacht von Microsoft die offene Internet-Browser-Software Firefox entgegenzusetzen. Mit diesem Mitmach-Projekt hat Mozilla in nur wenigen Jahren das Online-Monopol des Giganten ins Wanken gebracht.

Auf riesigen Leinwänden zeigen die Saalkameras überlebensgroß Bakers Gesicht. Man sieht ihre Augen, ihre Haut, ihren Mund, ihr Kinn; ein paar helle Härchen, kleine Poren, ihre Lippen, ihre Mundwinkel; Ist sie angespannt? Ihr Blick scheint durch die Reihen zu wandern. Was geht ihr durch den Kopf, frage ich mich. Wie fühlt sie sich, heute hier zu sprechen? Geben ihr die vielen kritischen Reformer im Saal Kraft, fühlt sie sich wohl, vor ihnen zu stehen? Wie wird es für mich sein, ihr gleich zuzuhören?

Jetzt sehe ich die Moderatorin zu ihr treten. Mitchell Baker scheint sich zu freuen. Ob die beiden sich kennen? Leider zeigt die Bildregie statt der kurzen Begrüßung nun Saalaufnahmen des Publikums. Schade, denke ich. Ich hätte gern aus der Nähe gesehen, mit welcher Mimik Mitchell Baker die Ankündigungsworte der Moderatorin entgegennimmt. In den nah herangezoomten Großaufnahmen hatte Mrs Firefox schon begonnen, mir ans Herz zu wachsen. Nun übergibt ihr die Moderatorin das Wort und sie beginnt ihren Vortrag „Working in the Open – Arbeiten auf offener Bühne" …

Leben und arbeiten wir in unserer medialen Welt im Grunde alle zunehmend auf offener Bühne? Immer mehr wird fotografiert, getwittert, gebloggt, gefilmt, gesendet, aufgezeichnet … Auch das Ende der DDR wäre wohl anders verlaufen, wenn Günter Schabowskis historischer Lapsus am 9. November 1989 nicht binnen Minuten weltweit im Fernsehen zu sehen gewesen wäre. Die Medien haben unsere Wirklichkeit immer schon in gewisser Weise vergrößert und verstärkt.

Dieser Effekt potenziert sich, seit das Internet nicht nur Journalisten und Sendern ermöglicht, die Welt zu erreichen, sondern jedem von uns. Die Zeiten, in denen Firmen mit Krisenreaktionsstäben, Geheimniskrämerei und Abschottung ihr Außenbild unter Kontrolle halten konnten, sind zusehends vorbei. Social Media, bloggende Mitarbeiter, Tweets vom Produkttest, Facebook-Fotos von Firmenveranstaltungen: Ideen, Fakten, Enthüllungen – alles hat die Chance, jederzeit einer Weltöffentlichkeit bekannt zu werden. Nie war die alte Weisheit „Die Sonne bringt es an den Tag" gewisser als heute.

AUTHENTIZITÄT, TRANSPARENZ UND VERLETZLICHKEIT

In einer solchen Ära zu leben und gleichzeitig Kunden und Mitarbeitern bewusst ein unwahres oder übertrieben geschöntes Bild von sich oder seinen Produkten geben zu wollen ist absurd. Dabei war Werbung und was früher

abwertend Reklame genannt wurde lange Zeit genau das: Der Versuch, ein geschöntes Bild von sich in die Welt zu setzen in der Hoffnung, dass etwaige Diskrepanzen zwischen der Wirklichkeit und dem kunstvoll produzierten Image nicht an die Öffentlichkeit gelangen würden. Diese Zeiten sind vorbei. Und je perfekter Frau Makellos und Herr Saubermann sich zu inszenieren versuchen, desto größer wird die öffentliche Fallhöhe.

Zugleich sehnen sich die Menschen nach Echtheit, nach Authentizität. Je mehr sie spüren, wie geschönt die Bilder sind, die sie alltäglich umgeben, desto größer wird die Sehnsucht. Marken wie Jack Daniel's haben das früh gespürt und sich entsprechend ein Image gegeben, das die Unvollkommenheit und Menschlichkeit vergangener Zeiten beschwört.

War der Jack-Daniel's-Spot womöglich auch nur eine geschickte Imagekampagne, so gibt es heute tatsächlich einen neuen Typ von Unternehmen: „Always in Beta", also permanent unfertig und in der Testphase, niemals perfekt. Diese Unternehmen haben nicht nur die Untugend, Produkte beim Kunden reifen zu lassen, zur Tugend erhoben. Sie haben sich zudem weitgehend von dem Zwang und dem Aufwand befreit, Perfektion bieten oder zumindest vorgaukeln zu müssen – und manche genießen weit größeres Vertrauen seitens ihrer Kunden als diejenigen Unternehmen, denen wir latent unterstellen, sie seien garantiert nicht so gut, wie sie stets behaupten.

Zum Thema „Always in Beta" siehe auch Kapitel „Liefern, was gebraucht wird"

„Always in Beta" ist ursprünglich ein Konzept aus der agilen Softwareentwicklung und wurde schnell zum Prinzip einer ganzen Gründerszene: Google, Etsy, Flickr und Zehntausende weiterer Start-ups erhoben das Experiment zum Normalzustand und luden ihre Kunden ein, das Unternehmen aktiv mitzugestalten. Sie konnten so gemeinsam mit ihren Kunden die unflexiblen Branchenplatzhirsche in kürzester Zeit verdrängen, teilweise sogar eliminieren – von der Werbeindustrie und dem Einzelhandel bis hin zu Bilderdiensten.

Zum Thema „Open Innovation" siehe auch Kapitel „Kunden wirklich verstehen"

Inzwischen sind viele Gründer von damals selbst Mainstream geworden und ihr Mantra „Always in Beta" ist mit ihnen dort angekommen: Unter dem Begriff „Open Innovation" laden heute Unternehmen vom Versicherer bis zum Rüstungskonzern dazu ein, zu ihrer Weiterentwicklung beizutragen. Andere kokettieren mit Insignien der Start-up-Szene: wie beispielsweise Nestlé als Sponsor der 2013er-Auflage von Googles Mobilfunkstandard Android, der deshalb offiziell „KitKat" heißt und auf diese Weise versucht, Schokoriegel als Innovationsansatz zu positionieren – ob das nun authentisch ist oder nicht. Und auch die Typografie ist wieder leichter und verspielter geworden und drückt damit nicht zuletzt aus, dass alles ganz schnell wieder ganz anders sein kann.

Menschlich und authentisch statt übernatürlich und überlebensgroß: Diese Unternehmen sind dabei, eherne MBA-Grundsätze und eherne Grenzen von „innen" und „außen" aufzuheben. „Helft uns, besser zu werden" heißt die Devise. „Wir möchten euer Vertrauen gewinnen und mit euch wieder enger zusammenrücken und uns dafür öffnen."

Sind solche Bemühungen nun glaubwürdige Anzeichen für neue innere Haltungen dieser Unternehmen oder geschickte PR-Taktik? Das muss jeder Kunde für sich entscheiden. Wir Menschen stellen uns solche Fragen tatsächlich ständig, bewusst und unbewusst: Authentizität ist Menschen wichtig, weil sie wissen wollen, was sie erwartet. Sie fragen sich: Wenn ich mich darauf einlasse: Wird das gut für mich sein? Unser mentaler Apparat ist für diese Frage ausgelegt – egal ob wir jemanden neu kennenlernen, im Wald wilde Beeren essen, auf einem umgestürzten Baum einen Bach überqueren oder eine millionenteure Produktionsanlage kaufen. Wird das gut für mich sein? Wie Kunden die-

Sehnsucht nach Authentizität: Jack Daniel's Werbespot von 1995

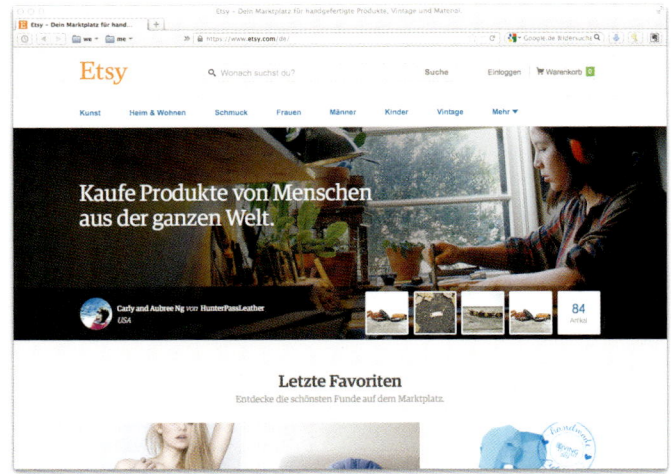

se Frage einschätzen, entscheidet über den Erfolg von Produkten und Dienstleistungen mehr als alles andere.

Neue Platzhirsche sind dabei, die Platzhirsche zu verdrängen, die einst die alten Platzhirsche verdrängt hatten. Etsy zum Beispiel, die nächste Revolution im Interneteinzelhandel nach Ebay und Amazon, stellt mit seiner Botschaft „Kaufe Produkte von Menschen" den Massenmarkt infrage. Eine rasant wachsende Kundschaft dankt es dem Unternehmen mit konstanten jährlichen Umsatzzuwächsen zwischen 60 und 70 Prozent und bescherte Etsy 2013 seine erste Umsatzmilliarde. Der Unterschied der Internetauftritte von Amazon und Etsy könnte prägnanter kaum sein.

Unternehmen wie Etsy schaffen mehr Transparenz an der Stelle, wo sie bisher am wenigsten gegeben war: Woher kommen die Produkte, die ich kaufe? Wer erbringt die Leistungen, die ich nutze? Habe ich damit ein gutes Gefühl? Kann ich weiter unbesorgt vertrauen oder gibt es Gründe, genauer hinzusehen? Den Konsumenten wird bewusster, worauf es ihnen ankommt. Auch dort, wo sie bislang vielleicht nicht so genau hinsehen wollten – beispielsweise wie Gold abgebaut wird oder wo die preiswerten Textilien herkommen.

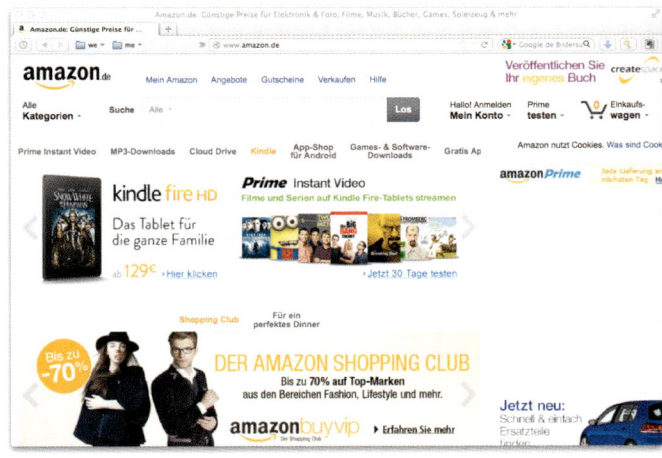

AUTHENTIZITÄT IM RECRUITING

Auch an anderer Stelle ist die neue Transparenz der Unternehmen dabei, mit lange gehegten Traditionen zu brechen: beim Werben um neue Mitarbeiter. Stand bisher eher im Vordergrund, über alle Abteilungen und Kanäle hinweg ein einheitliches, klar definiertes Unternehmensimage in den Arbeitsmarkt zu transportieren, werden Transparenz und Authentizität heute zunehmend unverzichtbar. Denn am Ende sitzen sich im schlimmsten – und nicht seltenen – Fall geschönte Standardfloskeln der Unternehmen und geschönte Standardfloskeln der Bewerber gegenüber.

Wie viel wäre auf beiden Seiten gewonnen, wenn Unternehmen mehr Transparenz wagen würden und Mitarbeiter und Bewerber ermutigt würden, mehr über sich kundzutun als standardisierte Anforderungen und Lebenslauftabellen? In einigen Kreativbranchen sind Arbeitsproben und Portfolios üblich – doch auch sie verraten meist wenig über den Menschen, der eine passende Unternehmenskultur sucht. Ebenso wenig vermitteln Hochglanzbroschüren die tatsächlich gelebten Unternehmenswerte.

Wollen wir von Menschen oder Maschinen kaufen? Internetauftritte von etsy.com und amazon.de im Jahr 2014

So setzen Pioniere auf beiden Seiten längst auf andere Formen, sich authentisch erkennbar zu machen und echte Persönlichkeit zu zeigen. Die direkte Kontaktaufnahme über soziale Medien oder Videos, in denen Menschen ihr Gesicht zeigen und zu Wort kommen, kann viel Transparenz und damit Glaubwürdigkeit schaffen – auf beiden Seiten des Stellenbesetzungsprozesses. Dies wirkt nach außen und nach innen. Denn wenn mit authentischen Mitarbeiter- und Unternehmensporträts eine echte Identität entsteht, hat auch die Identifikation der Mitarbeiter mit dem Unternehmen eine ganz andere Grundlage, als wenn das eigene Haus sich nichts anderes traut, als sich nach innen und außen als gesichtsloses Kunstprodukt seiner Werbeagentur zu präsentieren.

Was sagt es alles aus, wenn ein Unternehmen so stolz auf seine Mitarbeiter ist, dass es sie sogar öffentlich zu Wort kommen lässt! Und was sagt es im Gegenzug aus, wenn es dies nicht tut. Authentizität und Transparenz haben viel mit Verletzlichkeit zu tun: mit dem Mut, freimütig damit umzugehen und auszuhalten, was man ist. Dieser Mut, zu sich selbst zu stehen, imponiert meist nicht nur. Wenn wir an die echten Freundschaften und die wertvollen

Beziehungen in unserem Leben denken, wird klar: Dieser Mut ist eine der wesentlichen Grundlagen dafür, dass wir uns loyal und engagiert füreinander einsetzen. Also für das, was sich Unternehmen von ihren Mitarbeitern immer gewünscht haben.

WIE VIEL TRANSPARENZ KÖNNEN WIR WAGEN?

Ist Authentizität also das neue Gold der Unternehmensidentität, Transparenz das neue Öl und Verletzlichkeit unsere Zukunft? Wollen wir wirklich alle Belange unseres Tuns öffentlich sichtbar machen? Können, ja, dürfen wir das überhaupt? Fehlentscheidungen, Entscheidungsgründe, abgelehnte Bewerber, Investitionssummen, die Vetriebsstrategie: Alles öffentlich einsehbar?

Die Frage ist: Was haben wir zu verlieren und was können wir gewinnen? Was wäre „gut"? Kunden zu belügen: sicher nicht. Kunden unbequeme Wahrheiten aufzudrängen: heikel. Kunden ernst zu nehmen und uneingeschränkt vertrauenswürdig zu sein: bestimmt.

Vertrauen ändert alles. Vielleicht ist das tatsächlich der Schlüssel. In einer komplexen Welt könnte alles, dem wir nicht vertrauen, eine Bedrohung darstellen. Uns interessieren die wahren Intentionen der anderen, und je transparenter wir sie wahrnehmen, desto glaub- und vertrauenswürdiger können wir sie einschätzen. Wenn wir vertrauen, muss unser mentaler Apparat viel weniger auf der Hut sein, viel weniger Risiken abschätzen; das entspannt und er kann sich produktiveren Aufgaben zuwenden. Anbieter, die es uns ermöglichen, ihnen entspannt zu vertrauen, bedeuten uns also weit mehr als diejenigen, bei denen wir lieber auf der Hut sind. Wie viel Bedeutung Kunden einem Anbieter zumessen, hängt unvermeidlich davon ab, wie viel sie sich von seinen Angeboten versprechen – und ob sie ihm trauen.

Wie viel Vertrauen können wir gewinnen und wie viel Authentizität ist dafür nötig? Fragen wir die Frau, die zu dieser Kernfrage derzeit das wohl ehrgeizigste Projekt des Planeten vorantreibt: Mrs Firefox, Mitchell Baker, CEO von Mozilla. Sie gewann zu Beginn dieses Kapitels Bedeutung für uns, weil sie uns menschlich erschien, nahekam, und weil uns möglicherweise sogar ein gemeinsames Anliegen verbindet. Irgendwie erschien sie vertrauenswürdig, authentisch. Damit lebt sie vor, was ihr wichtig ist: Denn ihr Unternehmen versucht derzeit tatsächlich, die wohl radikalste Form von Authentizität zu verwirklichen – auf offener Bühne zu arbeiten, vollständig transparent, ohne Geheimnisse.

Dieses Wagnis hat einen Grund: Mozilla möchte im Internet ein *sicheres* Internet schaffen, dem wir unbedingt vertrauen können – allen Hackern, Wirtschaftsspionen und Geheimdiensten zum Trotz. Ein solches Vertrauensnetz im Netz kann nur funktionieren, wenn der Nutzer jeder Komponente vertrauen kann. Ausnahmslos. Sobald an irgendeiner Stelle Misstrauen aufkommt, ist dieses ehrgeizige Projekt gefährdet. Dies gilt insbesondere natürlich für die Organisation selbst, die diese vollständig sichere Infrastruktur in die Welt setzen möchte. Baker spricht daher darüber, welche Faktoren Vertrauen ermöglichen. Was wäre, wenn ein Unternehmen alle seine Informationen veröffentlichen würde? Geht das überhaupt, macht es uns vertrauenswürdig oder machen wir uns lächerlich? Halten wir das überhaupt aus? Irgendwo zwischen den Extremen, die Welt zu täuschen oder der Welt alles offenzulegen, liegt für jeden das rechte Maß.

Hören wir von Mrs Firefox, für welches Maß an Transparenz ihr Unternehmen sich entschieden hat:

MITCHELL BAKER ÜBER „WORKING IN THE OPEN"

„Mich interessiert Vertrauenswürdigkeit als Thema, weil wir Vertrauen im Internet möglich machen wollen. Und natürlich müssen wir dafür möglich machen, dass man auch uns vertraut.

Vertrauenswürdigkeit hat drei Voraussetzungen: (1) Transparenz zulassen und offen sein; das heißt auch, keine Geheimnisse vor anderen zu haben; (2) freie Entscheidungen über frei gewählte Optionen zulassen, gerade wenn es einigen widerstrebt; (3) Mitgestalten zulassen; insbesondere Nutzern ermöglichen, sich zu engagieren und etwas zu verändern.

Wer nicht alle drei Voraussetzungen zulassen möchte, ist deswegen kein schlechterer Mensch; aber echtes Vertrauen wird er nur eingeschränkt erhalten.

In der Organisation all dies wirklich zuzulassen und dann tatsächlich so offen zu arbeiten: Das sind wir als Menschen nicht gewöhnt. Es braucht eine sehr klare Vision, damit das gelingt. Die haben wir bei Mozilla: Wir wollen Vertrauen im Internet möglich machen. Eine so klare Vision macht überhaupt erst möglich, dass Menschen sich freiwillig engagieren und in diesem Ausmaß an Offenheit arbeiten. Ohne eine begeisternde Vision geht man die persönliche Investition gar nicht erst ein. Und je freiwilliger das Bekenntnis zur gemeinsamen Vision, desto klarer muss diese gemeinsame Vision auch formuliert sein, denn sonst geht doch jeder letztlich seinen eigenen Weg.

Aber wir lernen ständig dazu, und besonders wenn wir Neuland betreten, müssen wir unser Verständnis für die Frage, wie weit Offenheit gehen kann, ständig weiterentwickeln.

Denn beim Arbeiten auf offener Bühne gibt man leider nicht immer ein Idealbild ab. Zum Beispiel wenn man öffentlich Einladungen ausspricht und manche Leute nicht einlädt; oder wenn man für jeden sichtbar etwas ausprobiert. Man kann auch nicht einfach ein Problem mit einem maßgeschneiderten PR-Statement glattbügeln. Stattdessen finden viele Diskussionen vor den Augen aller statt.

Aber Offenheit macht auch vieles erst möglich, was sonst einfach nicht passieren würde. Vor allem, dass Leute von sich aus auf uns zukommen und uns unterstützen. Wir haben so viel überraschende Hilfestellung erfahren. Das haut uns bei vielen Projekten immer wieder um.

Und man muss eben in jedem neuen Kontext neu austarieren, welcher Grad an Offenheit der Vertrauenswürdigkeit wirklich noch dient. Oft weiß man anfangs nicht einmal, was man will. Aber Vertrauen zu verdienen ist immer großartig! Es ist nicht immer einfach, aber toll. Und es geht dabei auch um Vertrauen in sich selbst, in die eigenen Fähigkeiten. Und um das Vertrauen der anderen in unsere Fähigkeiten. Das erschließt ganz andere Potenziale und ermöglicht ganz andere Dinge, als wenn man einfach nur versuchen würde, ein perfektes Bild abzugeben.

Übersetzung und redaktionelle Bearbeitung des englischsprachigen Vortrags von Mitchell Baker auf der Konferenz re:publica 2013: Ulf Brandes. Die tatsächliche Bildregie im großen Vortragssaal war weniger dramatisch als in unserer Einleitung. Und natürlich sagte Baker in ihrem Vortrag neben dem hier in Auszügen wiedergegebenen Leitthema auch einiges zu ihrer Stiftung, ihren Projekten und zur Weiterentwicklung des Internets.

128

Vertrauen ändert alles.

Man spürt bei Mitchell Baker einmal mehr, dass mit dieser Art zu arbeiten etwas fundamental Neues in die Welt gekommen ist – und in Zeiten der Vernetzung nicht nur als Nische, sondern als ein Phänomen, das in kürzester Zeit einen beachtlichen Teil der Menschheit erreicht hat. Natürlich hat eine Organisation mit einem derart gemeinnützigen Unternehmenszweck, mit einem derart großen Wir-Begriff, es leichter, transparent und authentisch zu sein. Doch was hindert uns, mit unserem eigenen Wir-Begriff mehr Menschen einzubeziehen und diese Erleichterung selbst zu erfahren? Wir kommen gleich darauf zurück.

WO HAT AUTHENTIZITÄT GRENZEN?

Gibt es so etwas wie Grenzen der Authentizität im Sinne von zu viel des Guten? Oder zumindest im Sinne eines „Ja, aber"? Definitiv, in dreierlei Hinsicht: wenn wir Authentizität zu instrumentalisieren, zu perfektionieren oder zu erzwingen versuchen.

Erstens hat Authentizität Grenzen, sobald wir der Versuchung nachgeben, sie zu instrumentalisieren. Gerade in Zeiten, in denen den Menschen vor lauter ubiquitär inszenierter Makellosigkeit das wenige Authentische geradezu ins Auge springt, weil es sich so wohltuend abhebt von der Künstlichkeit des Üblichen, liegt der Gedanke nahe, besonders authentisch aussehen zu wollen und damit der Sehnsucht der Kunden noch besser gerecht zu werden. Bekanntes Beispiel: die Dove-Werbung für „wahre Schönheit", die mit ihren Allerwelts-Werbefiguren statt der üblichen Profimodelle ab 2004 weltweit großes Aufsehen erregte. Die ungewohnte Authentizität fand viel Zuspruch, aber auch Skepsis über Unilevers wahre Motive hinter der Kampagne – nicht zuletzt weil Unilever gleichzeitig andere Körperpflegeprodukte wie etwa „Axe" mit Schönheitsidealen bewarb, die für viele die hehren Intentionen der „Dove"-Kampagne eher konterkarierten.

Zweitens: Authentizität schlägt in Starre um, sobald wir ein statisches Außenbild zu fixieren versuchen und dieses zum Dogma erheben. Dann schleicht sich der Perfektionsdrang, den wir so authentisch zu verabschieden versuchten, durch die Hintertür wieder herein. Und mit ihm die Angst, einem bestimmten Idealbild nicht zu genügen und vermeintliche Unzulänglichkeiten kaschieren zu müssen. Musikgruppen oder Künstler im Allgemeinen stehen häufig vor dieser Herausforderung, spätestens nach dem ersten Hit. Perfekte Authentizität ist ein Widerspruch in sich.

Und auch ein Zuviel an Reflexion über Authentizität gibt es wohl. Am Ende steht dahinter zu einem Gutteil die Ur-Frage nach unserer Identität: Was wollen wir sein? Einfach „Mensch" sein zu wollen kann heutzutage schon eine starke, authentische Antwort sein – insbesondere wenn wir uns vergegenwärtigen, in wie vielen Geschäftsbeziehungen wir uns eben *nicht* als Menschen begegnen, sondern als Rollen, die einander womöglich sogar abwerten, entmündigen oder entfremden. Eine weitere nützliche Antwort auf die Frage nach unserer Identität gibt die Lebensweisheit „Whatever you are, be a good one", die Abraham Lincoln zugeschrieben wird. Auch sie kann eine ausgesprochen programmatische Zielsetzung sein.

Drittens: Auch den perfekten Umgang mit der Authentizität anderer gibt es nicht. Wir möchten nicht immer mitfühlend reagieren (müssen), wenn uns Mitmenschen mit ihren Unzulänglichkeiten konfrontieren. Und nicht immer gehen unsere Mitmenschen idealtypisch mit der Verantwortung um, die unsere Offenheit ihnen auferlegt. Das begrenzt Authentizität weiter: Welche unserer Beziehungen sind so belastbar, dass sie radikale Authentizität verkraften würde? Wenn ein langjähriger Hauptlieferant uns darauf hinweist, dass eine Produkt-Charge möglicherweise Qualitätsmängel aufweisen könnte, werden wir es dankbar hören. Aber erwarten wir zu hören, dass er bei drei Banken abgewiesen wurde bei dem Versuch, sich Liquidität zu besorgen, um das Qualitätsproblem beheben zu können? Oder dass der Sohn der Gründerfamilie die Firma nicht übernehmen möchte? Manche Information wird den Empfänger verunsichern oder belasten, ohne dass sie für die Vertrauenswürdigkeit relevant wäre.

Es ist manchmal eine Gratwanderung und Intention zählt im Zweifel mehr als Kommunikation. Grundsätzlich gilt: Unsere Kunden haben es verdient, die Wahrheit zu erfahren, weil sie uns vertrauen. Und wir brauchen im Verhältnis zu ihnen eine Beziehungsqualität, die Authentizität aushält. Wir werden damit leben müssen, dass Kunden nicht immer perfekt mit unserer Authentizität umgehen; und auch uns wird dies nicht immer gelingen. Aber diejenigen Kunden, die eine beiderseitig authentische Beziehung anstreben und fördern, gehen mit uns sicher am ehesten durch dick und dünn.

Entscheidend für die Frage unserer Authentizität ist, wie natürlich, wie organisch unser Außenbild zustande kommt: Ist es der Versuch, ein vom Kopf her kalkuliertes Ideal zu erfüllen – oder erlauben wir uns, unser wahres Außenbild im Kontext unserer Arbeitsbeziehungen zu entdecken und aus guten Intentionen für die Welt heraus entstehen zu lassen: nicht das werden zu wollen, was wir scheinbar sein müssen, sondern zutage treten zu lassen, was *ist*?

WIE KÖNNEN WIR DAZU BEITRAGEN, DASS UNSERE ANGEBOTE KUNDEN ETWAS BEDEUTEN?

Wovon hängt ab, wie viel Ihre Leistungen Ihren Kunden bedeuten? Gerade am Extrembeispiel Mozilla sieht man: Neben altbekannte Erfolgsfaktoren wie Bedarf, Qualität und Markenimage treten heute weiche zwischenmenschliche Faktoren wie Vertrauenswürdigkeit, Authentizität, Klarheit, Identität, Teilhabe, Entschiedenheit, Verbundenheit, Verletzlichkeit, Mut – und nicht zuletzt der Zweck, dem ein Unternehmen dient und der Identifikation, Teilhabe und Vertrauenswürdigkeit in besonderem Maße fördern kann.

Ist einer dieser Faktoren nicht gegeben, können die anderen dies schwer ausgleichen. Ihre Leistungen bedeuten jemandem etwas, der alle diese Aspekte Ihres Tuns bewusst oder unbewusst bei Ihnen wahrnimmt; jeder einzelne Faktor hat Gewicht in diesem Wirksystem. Das verlangt einiges von Ihnen und es erklärt die Bedeutungslosigkeit der meisten Produkte und Dienstleistungen in Zeiten von Massenproduktion und Überfluss. Vor allem verlangt jeder dieser weichen Faktoren von Unternehmen Haltung – und zwar mehr, als sich nur an bestimmte Regeln zu halten. Wie können Sie diese Haltungen erreichen?

Hierzu haben sich zahlreiche Ansätze bewährt, die längst noch nicht überall angemessene Verbreitung gefunden haben. Einige von ihnen stellen wir im

Mehr zum Thema: management-y.de/ begeistern

Wie fragil ist Begeisterung? Wer Kunden ein Angebot macht, legt oft Wert auf den Eindruck größtmöglicher Leistungsfähigkeit.

Wovon noch alles abhängt, wie viel wir unseren Kunden bedeuten, unterschätzen wir dabei gern.

132

Klarheit und Identität
Authentizität
Teilhabe
Empfehlungen
Unternehmenszweck
Entschiedenheit
Bedarf
Verbundenheit
Verletzlichkeit

Qualitäts-eindruck
Markenimage
Kapazität
Preis

LEISTUNG

BEDEUTUNG

Bedeutung
Erlebnis
Preis
Leistung
Marke
Kanäle

ANGEBOT

Begeisterung auf der Goldwaage

Folgenden kurz vor; manche vertiefen wir im nachfolgenden Teil des Buchs, andere auf der Webseite zum Buch.

UNTERNEHMENSZWECK

Wem dient Ihr Unternehmen? Was möchte Ihr Unternehmen in die Welt bringen, verändern, verbessern? Im ersten Teil „Mehr Menschlichkeit im Management!" ging es bereits um den Wir-Begriff und es wurde klar: Ein großes „Wir" begeistert andere Menschen eher als ein deutlich kleineres, das sich im Wesentlichen auf den eigenen Vorteil des Anbieters konzentriert. Zugleich eröffnet ein großes „Wir" weit größere Chancen, dass mit der ernsthaften Einbeziehung aller Abteilungen, Kunden und womöglich sogar der Gesellschaft ein gemeinsamer Sinn und damit ein gemeinsamer Antrieb entsteht, zu dem sich jeder gern bekennt. Vielleicht sogar leidenschaftlich und in aller Öffentlichkeit.

Mehr zum Thema Unternehmenszweck:

management-y.de/ unternehmenszweck

Die *Gemeinwohlmatrix*, die *Global Reporting Initiative* und die zehn Prinzipien des *UN Global Compact* sind inzwischen weitgehend ausgereifte Instrumente für Unternehmen, Wirtschaftlichkeit mit einem größeren Wir-Begriff in Einklang zu bringen.

EMPFEHLUNGEN

Im ärgsten Getöse gewinnt Aufmerksamkeit nicht der, der noch mehr Lärm macht. Wie können Sie Ihr Produkt unwiderstehlich machen, statt es anzupreisen? Das ist die Idee von Pull statt Push. Am unwiderstehlichsten sind Lösungen, die zufriedene Kunden weiterempfehlen. Kunden, die sich öffentlich zum Unternehmen bekennen, sind stärkere Botschafter für den Unternehmenszweck als jede TV-Kampagne. Sie sind Bestandteil des „Wir" und beweisen das mit ihrem Bekenntnis. Immer mehr Unternehmen verwenden daher den *Net Promoter Score* (NPS) anstelle klassischer Kundenzufriedenheitsanalysen, um statt vermeintlicher Push-Erfolge ihre Pull-Wirkung besser zu verstehen.

Zum Thema Pull vs. Push siehe auch „Mehr Menschlichkeit im Management!"

Mehr zum Thema Net Promoter Score:

management-y.de/ nps

KLARHEIT

Zum Thema Business Model Canvas siehe auch „Business Model Canvas – Das ganze Unternehmen auf einen Blick"

Mehr zum Persona-Konzept: management-y.de/persona

Mehr zum Kano-Modell: management-y.de/kano

Mehr zum Blue-Ocean-Ansatz: management-y.de/blue-ocean

Mehr zum Thema Partizipation und Teilhabe: management-y.de/teilhabe

Zum Thema Art of Hosting und Blueboard siehe auch „Art of Hosting – Gemeinsame Zeit besser nutzen" und „Blueboard – Die besten Ideen setzen sich durch"

Der begeisterndste Unternehmenszweck nützt wenig, wenn darunter jeder etwas anderes versteht. Der *Business Model Canvas* von Alexander Osterwalder bringt beispielsweise auf einem Blatt Papier das gesamte Unternehmen mit dem Unternehmenszweck in die Übersicht und lädt Mitarbeiter und Partner ein, ihre Beiträge auszuformulieren und gegenseitig in Bezug zu setzen. Eine *Persona* macht die Zielgruppe für jeden Mitarbeiter greifbar und personifiziert ihre Kernbedürfnisse anhand nützlicher Fragen auf einem weiteren Blatt Papier. Mit dem *Kano-Modell* lässt sich für jeden Mitarbeiter nachvollziehbar eingrenzen, auf welche Kundenbedürfnisse es entscheidend ankommt. Der *Blue-Ocean-Ansatz* ist ein bewährtes und sehr inspirierendes Modell, um aus bestehenden Märkten heraus radikal innovative, wesentlich bessere Lösungen und Geschäftsmodelle zu entwickeln. So wird der Kundenfokus vom kategorischen Imperativ zur anregenden Einladung, von jedem Platz aus in großer Empathie mit dem Kunden zu arbeiten.

TEILHABE

Nur wer sich in das „Wir" des Unternehmens ernsthaft einbezogen fühlt, wird begeistert mitwirken. Doch wie lässt sich echte Teilhabe der Mitarbeiter und weiterer Stakeholder ermöglichen, ohne ins Chaos der Führungslosigkeit oder die zunehmende Lethargie der betrieblichen Mitbestimmung abzugleiten? Indem Sie einen einladenden Rahmen schaffen und gute Fragen stellen. Die oben genannten Modelle stellen solche Fragen; sie sind so schlank und allgemein verständlich, dass das gesamte Unternehmen an der Innovationsentwicklung teilnehmen kann. Die Formate des *Art of Hosting* bieten für komplexe Aufgabenstellungen verschiedene sehr geeignete Besprechungsabläufe und erfordern oft nicht mehr Aufwand als einen halben Arbeitstag. Mit dem *Blueboard* besteht ein sehr schlankes, modernes Partizipationsformat, mit dem das ganze Haus die Ergebnisse solcher Veranstaltungen mit minimalem Aufwand gemeinschaftlich weiterentwickeln und vorantreiben kann.

135

VERBUNDENHEIT

Wenn es darum geht, Kunden zu begeistern, ist kaum nachvollziehbar, in welchem Ausmaß sich Firmen ausgerechnet für Marktforschung und Kommunikation hinter Agenturen verschanzen, statt die Mitarbeiter ernsthaft zu ermutigen, persönlich den Kunden zuzuhören und mit ihnen zu sprechen. Gerade bei der Kundenbeziehungspflege via Internet nimmt es aus Sicht aller Beteiligten mitunter absurde Züge an, wenn die Authentizität von „sozialer" Echtzeitkommunikation in Textbausteinen und Freigabeprozessen zerrinnt. Dabei gibt es so viele andere Möglichkeiten, mit Kunden in direkten Dialog zu treten und Verbundenheit zu stärken, als die Kundenkommunikation über Dienstleister und PowerPoint-Schlachten abzuwickeln. Wer sich mit Interessenten und Kunden ehrlich und ohne vertriebliche Hintergedanken unterhält, erfährt in wenigen Stunden mehr Überraschendes und konkret Nützliches über die eigenen Leistungen und die der Konkurrenz als aus jeder noch so renommierten Marktanalyse. Und womöglich wird dabei sogar ein Kunde, der sich ernst genommen fühlt, noch zum Botschafter für das Unternehmen.

Gleiches gilt, wenn Sie Mitarbeitern das Vertrauen aussprechen und einen geeigneten Rahmen schaffen, mit Kunden informell, unkompliziert und auf Augenhöhe ins Gespräch zu kommen, ob in der Fußgängerzone oder im Beschwerdewesen. Viele Unternehmen laden inzwischen einmal pro Woche Kunden und Interessenten ein, sie in der Mittagszeit im Büro zu besuchen und mit den „Machern" direkt zu sprechen – quasi als ein Mini-Tag der Offenen Tür ohne Vorbereitung. Allein das Signal einer solchen Offenheit kann schon mehr Verbundenheit im Haus und nach außen bewirken als jedes noch so ausgefeilte, teure und mühsam abgestimmte Incentive-Mailing zur Kundenbindung.

Mehr zum Thema
Verbundenheit:
management-y.de/
verbundenheit

DEN WANDEL BEGINNEN

Pull versus Push; Augenhöhe versus Unterordnung; gemeinsam entdecken statt Planerfüllung zu erzwingen – wir brauchen das Rad nicht neu zu erfinden. Das 21. Jahrhundert ist im Jahr 2014 schon zu einem Sechstel vorbei. Und egal aus welcher Perspektive wir unser Arbeitsleben betrachten: Zahlreiche Ansätze haben sich bewährt, Wirtschaft, Geschäft und Menschsein in anderen Haltungen zu leben und miteinander in Einklang zu bringen. Jetzt ist es an uns, zu entscheiden, wie wir arbeiten und leben wollen. Die folgenden „Patterns" und Helfer für den Wandel geben lebendige Beispiele aus der Praxis, wie es anders gehen kann: besser, menschlicher – und um ein Vielfaches erfolgreicher.

... UND 24 MÖGLICHKEITEN, JETZT ZU HANDELN

Helfer für den Wandel zur attraktiven und zukunftsfähigen Organisation

AUS DER PRAXIS:
LEICHT ÜBERTRAGBARE HELFER FÜR DEN WANDEL

Die vorangegangenen Kapitel beschreiben keine Utopie, sondern die Grundlagen des Erfolges vieler moderner Unternehmen. Wie können wir diese Ansätze in unsere eigene Organisation übertragen? Jede Veränderung beginnt mit einem ersten Schritt. Die folgenden 24 Praxisbeispiele helfen, den Wandel im eigenen Umfeld zu beginnen.

Mehr zu diesem Teil des Buchs sowie weitere Praxis-beispiele:

management-y.de/helfer

SCHRITTWEISE DEN EIGENEN WEG ZUR VERÄNDERUNG ENTDECKEN

Wir alle haben schon verschiedene Erfahrungen mit Veränderung gemacht – von der Unternehmensreorganisation bis zum x-ten Versuch, alte Gewohnheiten aufzugeben. Oft waren es eher die kleinen, unspektakulären Schritte, von denen im Nachhinein betrachtet die größte Wirkung ausging, wohingegen gewaltsame Prozesse häufig mehr Widerstand als Fortschritt bewirkten.

In diesem Teil des Buchs stellen wir 24 Beispiele solcher kleinen Schritte mit großer Wirkung vor: bewährte Werkzeuge, Interventionen, Spiele, Simulationen und Kommunikationskonzepte, die es Ihnen erlauben, Ihren eigenen Weg gemeinsam zu entdecken, ohne jedes Rad neu erfinden zu müssen.

Wie die Vorreiter der Arbeitswelt, von deren Herangehensweisen dieses Buch berichtet, erleben immer mehr Unternehmen, dass schrittweise, partizipative Veränderungsansätze mehr Mitarbeiter mitnehmen als starre Vorausplanung und zentralistische Change-Projekte „von oben". Dabei kann starker Rückhalt „von oben" vieles erleichtern; aber etliche bedeutsame Kulturveränderungen begannen ebenso gut „unter dem Radar", irgendwo in der Organisation.

DAS RAD NICHT NEU ERFINDEN

Naturgemäß bedeutet dieser schrittweise, partizipative Ansatz auch für dieses Buch, auf die Illusion zu verzichten, es gebe ein Patentrezept und den *einen* richtigen Weg zur gewünschten Veränderung. Ebenso wenig lassen sich die folgenden „Helfer für den Wandel" über einen Kamm scheren.

Entsprechend bietet unsere Auswahl ein breites Spektrum von Ansätzen mit unterschiedlichsten Anregungen für Ihren eigenen Einstieg in den Wandel: aus der Situation heraus, die Sie und Ihre Kollegen wahrnehmen, und mit der Zielsetzung, die Ihnen dabei wünschenswert erscheint. Hierzu ist jeder der 24 Helfer für den Wandel mit farbigen Balken am unteren Seitenrand sechs häufigen Zielsetzungen zugeordnet. Je länger der Balken, desto geeigneter ist der Helfer im Allgemeinen für die entsprechende Zielsetzung.

Zusätzlich finden Sie am Seitenrand jeweils typische Einsatzsituationen und Kernaspekte, vom konkreten Ziel bis zur Zielgruppe. Die alphabetische Sortierung der Helfer im Buch erleichtert das spätere Wiederfinden.

So ist dieser Teil des Buchs eine Einladung an Sie und Ihre Kollegen, in den 24 Praxisbeispielen zu stöbern, Entdeckungen zu machen und sich von den Erfahrungen anderer inspirieren zu lassen. Zu geeigneten Startpunkten führt Sie die folgende Übersicht.

Fangen Sie an!

Sechs beispielhafte Zielsetzungen von Veränderungsprozessen und Vorschläge für geeignete Startpunkte in diesem Teil des Buchs

DEN KUNDEN ERFORSCHEN
Prototyping
Business Model Canvas

KOLLEKTIV ENTSCHEIDEN
Blueboard
Delegation Poker
Konsent
Neueinstellung durch das Team

MITEINANDER/VONEINANDER LERNEN
Mentoring
Open Space
Pairing

TEAMGEFÜHL/VERTRAUEN STÄRKEN
Fearless Journey
Nobody's Perfct
Superschurke

FREIRÄUME SCHAFFEN
Art of Hosting
Elch auf dem Tisch
Slack

FÜHRUNG NEU AUSGESTALTEN
Cross Level Groups
Leitplanken
Volle Transparenz

ART OF HOSTING
GEMEINSAME ZEIT BESSER NUTZEN

Gute Gespräche und Raum für kollektive Veränderung in der längsten Kaffeepause der Welt.

Ein Beitrag von Markus Wittwer, agiler Trainer, Coach und Begleiter in Veränderungsprozessen

Stefan ist sehr gespannt auf die nächsten zwei Tage. Vor sieben Wochen haben alle 82 Kolleginnen und Kollegen in seinem Bereich die Einladung zu diesem zweitägigen Treffen bekommen. Darin waren ausführlich einige Veränderungen im Markt beschrieben. Die Einladung hat bei Stefan einige Fragen aufgeworfen und ihn zum Nachdenken gebracht. In diesen zwei Tagen, hieß es, werde es um eine strategische Neuausrichtung seines Bereichs durch die Entwicklung neuer Produkte und Verbesserungsinitiativen gehen. Stefans Kollege Markus hat ihm vorab schon ein paar Hintergrundinformationen gegeben. Markus ist Mitglied des Vorbereitungsteams, das er immer das „Hosting-Team" nennt. Bemerkenswert findet Stefan, dass neben Markus auch die Geschäftsführerin, ein Assistent aus dem Vertrieb, ein externer Coach und Herr Meyer, ein Mitarbeiter eines sehr guten Kunden des Unternehmens, diesem Team angehören.

Zu Beginn der Veranstaltung findet ein *World Café* statt, in dem die Teilnehmer in verschiedenen Gesprächen ein immer differenzierteres Bild von den Veränderungen zeichnen, die derzeit den Markt prägen. Anhand von zwei Geschichten aus der Perspektive eines Kunden macht Herr Meyer den Teilnehmern die Bedeutung dieser Veränderung und die Auswirkungen auf die Dienstleister deutlich. Anschließend erarbeiten alle in einem *Open Space* wichtige Fragen und Ideen. Die ganze Zeit über gibt es Snacks, kalte Geträn-

ZIEL
Komplexe
Probleme
kollaborativ lösen

ZEIT & DAUER
Zwei Tage

ZIELGRUPPE
Alle, die gemeinsam
ein dringendes
Problem lösen
wollen

SIEHE AUCH
Open Space

management-y.de/
art-of-hosting

> **FINDEN SIE EIN KERNTEAM**
>
> Große Veranstaltungen, in denen gute Gespräche stattfinden, werden nie allein von einer Person vorbereitet und begleitet. Bilden Sie ein Hosting-Team, das den Rahmen und den Ablauf der Veranstaltung gestaltet. Dieses Team sollte heterogen besetzt und idealerweise eine verkleinertes Abbild des zu verändernden Systems sein.

Zweifle nie daran, dass eine kleine Gruppe engagierter Menschen die Welt verändern kann – tatsächlich ist dies die einzige Art und Weise, in der die Welt jemals verändert wurde.

ke, Tee und Kaffee – aber keine explizite Mittags- oder Kaffeepause. Die ganze Veranstaltung fühlt sich irgendwie an wie eine ausgedehnte Kaffeepause, in der hart und intensiv gearbeitet wird.

Am Ende des ersten Tages wird es auch zwischenmenschlich richtig anstrengend. Das liegt an der Vielfalt der Meinungen und Möglichkeiten, den sinnvollen zukünftigen Kurs des Unternehmens betreffend. Skeptisch und erschöpft geht Stefan ins Bett – um bereits beim Frühstück die nächsten spannenden Ideen zu diskutieren, die ihm unter der Dusche eingefallen sind.

Am zweiten Tag werden die Ideen mithilfe verschiedener Verfahren verfeinert, konkretisiert und validiert. Die Teilnehmer sind voller Energie, als sie sehen, wie aus den verschiedenen Ideen des ersten Tages konkrete Initiativen erwachsen. Der Höhepunkt am Nachmittag ist das *Pro Action Café*, in dem einige Ideen sehr ausführlich ausgearbeitet und auf den Weg gebracht werden.

Die beiden Tage sind wie im Flug vergangen. Vier Wochen später denkt Stefan zufrieden an das Treffen zurück. Er war eine der Personen, die ihre Ideen im Pro Action Café verfeinert hatten. Die Produktidee wurde immer klarer und weiter ausdifferenziert, erste Prototypen sind bei Testkunden gut angekommen und die Motivation im Projektteam, das sich im Pro Action Café gebildet hat, ist nach wie vor hoch.

HALTEN SIE DIE ERGEBNISSE FEST

Machen Sie sich für jedes Event und für jedes Gespräch Gedanken darüber, wie sie die Ergebnisse weiter nutzen wollen. Legen Sie abhängig davon die Art der Ergebnisdokumentation fest. Hier helfen beispielsweise Erfahrungen in Graphic Recording und technologische Werkzeuge wie Blogs oder Wikis.

143

TEAMGEFÜHL/VERTRAUEN STÄRKEN

FREIRÄUME SCHAFFEN

FÜHRUNG NEU AUSGESTALTEN

DIE KUNST, GESPRÄCHE ZU ERMÖGLICHEN

„The Art of Hosting Conversations that Matter" ist ein Weg, um organisatorische und fachliche Veränderungen zu bewirken und komplexe Probleme zu lösen, indem Menschen zu guten Gesprächen über Themen eingeladen werden, die sie stark betreffen. Basierend auf der Annahme, dass Menschen ihre Energie und ihre Ressourcen auf das richten, was für sie am Wesentlichsten ist, bringt Art of Hosting eine Sammlung von Prozesswerkzeugen mit, die Menschen dazu animieren, Verantwortung für die vor ihnen liegenden Herausforderungen zu übernehmen.

Art of Hosting bedeutet einen Paradigmenwechsel von einer von außen gesteuerten Veränderung eines Systems zu einer Veränderung des Systems durch all jene, die ein starkes Interesse an dessen Veränderung haben. Es entsteht kein Widerstand, verändert zu werden, da Betroffene hier wirklich zu Beteiligten werden und nicht nur *im* System, sondern auch *am* System arbeiten.

Die Ergebnisse eines World Café: Die Papiertischdecken werden ausgeschnitten und in einer Galerie ausgestellt.

BLUEBOARD
DIE BESTEN IDEEN SETZEN SICH DURCH

Wie werden aus Ideen echte Erfolge? Auch der beste Kreativwork-shop bleibt folgenlos, wenn neue Impulse danach nicht aufgegrif-fen werden. Das Blueboard macht es Mitarbeitern leichter, sich zu engagieren, und stärkt so ihre gemeinschaftliche Teilhabe an neuen Entwicklungen.

Viele Unternehmen suchen neue, intelligente Wege, um ihre Mitarbeiter an wichtigen Fragen und Entscheidungen angemessen zu beteiligen. Denn echte Neuerungen innerbetrieblich durchzusetzen ist ohne massiven Marktdruck von außen oft schwer. Auch die wachsende Entfremdung gerade führender Mitarbeiter vom Unternehmenszweck gefährdet die Zukunftsfähigkeit vieler Unternehmen; „Dienst nach Vorschrift" und zunehmender Krankenstand sind meist erste Signalzeichen.

Gerade das Prinzip „Einer denkt, alle handeln" erweist sich auf allen Ebenen als Motivations- und Innovationsbremse, vom Vorstand bis zum Teilprojekt. Unmut kommt auf und wichtige Kompetenzen bleiben ungenutzt, wenn Kernfragen wie die folgenden über die Köpfe der Betroffenen hinweg erörtert und entschieden werden:

- Was braucht es, damit wir erfolgreich sind?
- Von wessen Beiträgen hängt dies ab?
- Wer trägt was dazu bei?

Die Welt ist zu komplex geworden für starre Strukturen und passive Mitarbeiter. Kundenorientierte, flexible Wertschöpfung erfordert im 21. Jahrhundert mehr denn je das aktive Engagement der Mitarbeiter. Ohne echte Teilhabe sind engagierte Verantwortungsübernahme, gemeinsames Hinzulernen, Kompetenzaufbau, Beweglichkeit und Pioniergeist kaum vorstellbar. Häufig können dabei schon minimale Maßnahmen große positive Veränderungen nach sich ziehen, sobald der Wille der Leitungsebene spürbar wird, Kernfragen gemeinschaftlich weiterzuentwickeln, statt isolierte Gremienentscheidungen hinter verschlossenen Türen zu treffen.

ZIEL
Neue Ideen in konkrete Initiativen überführen

ZEIT & DAUER
Nach einem geeigneten Ideenfindungs-Workshop 15–45 Minuten für die Blueboard-Session

ZIELGRUPPE
Alle Mitarbeiter

SIEHE AUCH
Art of Hosting, Fearless Journey, Open Space

management-y.de/blueboard

SELBSTORGANISATION UND EIGENVERANTWORTUNG STÄRKEN

Ein wesentlicher Schlüssel zur Teilhabe liegt in Selbstorganisation und Eigenverantwortung. Hier setzt das *Blueboard* an, indem es den Fokus der Teilnehmer auf deren Möglichkeit lenkt, persönliche Beiträge zu leisten.

In einem ersten Schritt werden die Teilnehmer eingeladen, zur Ausgangsfrage – etwa „Welche Innovationen könnten Potenzial haben?", „Wie können wir neue Kunden gewinnen?" oder „Wie können wir schneller werden?" – erste Lösungsideen zu entwickeln. In einem anregenden Rahmen wie etwa einem Kundenbesuch oder Ortstermin, einem *World Café* oder einer *Fearless Journey* kommen in kurzer Zeit zahlreiche gute Ansätze zusammen.

Bleibt es im Folgenden beim unverbindlichen Ideensammeln, ist der Nutzen gering, denn nur verwirklichte Ideen können gute Ideen werden. Doch meist fehlen geeignete Strukturen, um neue, noch vage Ideen im Haus aufzugreifen, zu testen und weiterzuentwickeln – allein schon weil freie Kapazitäten rar sind und echte Veränderungen häufig weitere Abteilungen als nur den Ideengeber betreffen. Entscheidend ist daher, im zweiten Schritt einzelne Ideen aufzugreifen und zu testen, die Frage ist nur: Welche und mit welchen Ressourcen?

Welche Ideen wollen wir testen? Das ist beim Blueboard die Kernfrage. Statt endloser Debatten, theoretischer Rankings oder einsamer Chefentscheidungen werden die Mitarbeiter dabei zunächst gebeten, auf großen weißen „Initiativkarten" konkrete Vorhaben vorzuschlagen, um einzelne oder auch mehrere der Ideen auf ihre Praxistauglichkeit zu testen. Anschließend können sie auf kleinen blauen „Beitragskarten" ganz konkret notieren, welchen Beitrag sie namentlich dazu anbieten möchten. Nun stecken die Mitarbeiter ihre Beitragskarten an die zugehörigen Initiativkarten. So füllt sich in kurzer Zeit die Wand mit blauen Beitragskarten – daher der Name „Blueboard". Die vermeintlich schwere Entscheidung, welche Initiativen weiterverfolgt werden sollten, ergibt sich auf diese Weise ganz von selbst: Manche Initiativen erhalten sehr viele Unterstützungszusagen, andere wenige oder keine.

WAS MÖCHTE ICH BEITRAGEN?

Analog zur „Abstimmung mit den Füßen" bei Harrison Owens Open-Space-Ansatz wird auch beim Blueboard unmittelbar sichtbar, wo die Energie der Teilnehmer hingeht. Dabei ist – wie bei Open Space – nicht die Menge entscheidend: Auch eine einzelne Beitragskarte kann genügen, um eine Nischenidee voranzutreiben, denn Energie dafür scheint schließlich vorhanden zu sein. Wichtiger ist, dass sich auf diese Weise tatsächlich Teams bilden und aus freien Stücken neue Aufgaben in Angriff nehmen, zu denen jedes einzelne Mitglied einen Beitrag leisten möchte.

Und wie bei Open Space und überhaupt bei jeder Dialogveranstaltung kommt es für das Gelingen darauf an, dass die Details stimmen. Wichtig ist beispielsweise, dass die Initiativkarten keinen Namen tragen und somit nicht zu persönlichen „Besitztümern" werden, sondern zunächst neutrale Ideen bleiben: Wer eine Initiative leiten möchte, kann gerne seine Leitung auf einer Beitragskarte anbieten; oder ein Budget; Moderation, die Koordination mit Abteilung X und Y oder die Betreuung der Beitragenden … Zudem sollte die Verbindlichkeit der Beiträge eine gewisse Leichtigkeit behalten und nicht gleich zur unumstößlichen Selbstverpflichtung mutieren, sodass die Teilnehmer zügig Beitragsangebote formulieren können, ohne lange grübeln oder sich rückversichern zu müssen. Einen angebotenen Beitrag später zurückzuziehen fällt allein gruppendynamisch schon schwer genug. Sollten gute Gründe für einen Rückzieher vorliegen, wird man wohl sicher Verständnis erhalten und es wird sich jemand finden, der einspringt.

Das Blueboard erleichtert auf diese Weise genau den entscheidenden Schritt von der Ausgangsidee zu ihrer konkreten Weiterentwicklung. Es regt die Teilnehmer an, selbstständig neue Ideen zu testen und konkrete Initiativen zu initiieren und zu fördern. Das Blueboard kann sowohl als einmaliger Workshop als auch stationär an einem zentralen Ort im Haus über einen längeren Zeitraum angeboten werden, etwa in der Kantine. Im stationären Einsatz gibt das Blue-

Die Kernfrage beim Blueboard: Welche Themen sind jetzt wichtig und welchen Beitrag möchte ich dazu leisten?

board einen guten Überblick über den Stand der Umsetzungen und hält die Beteiligten auf dem Laufenden. Zudem lässt sich die tatsächliche Dringlichkeit der Initiativen feststellen, indem die Teilnehmer als feste Regel vereinbaren, jede Initiative zu verwerfen, die länger als 14 Tage keine Fortschritte in Form neuer Beitragskarten erfuhr.

Ob stationär oder als einmaliges Event: In vielen Organisationen hat sich das Blueboard bereits bewährt, um die Wirksamkeit von Ideenworkshops und die Beteiligung an ihrer Umsetzung nachhaltig zu verbessern.

BUSINESS MODEL CANVAS
DAS GANZE UNTERNEHMEN AUF EINEN BLICK

Echtes Miteinander entsteht, wenn Mitarbeiter sich für das gesamte Unternehmen engagieren statt nur für ihre Abteilung. Doch wie viele Mitarbeiter haben das ganze Unternehmen im Blick und können ganzheitlich mitdenken? Ab heute alle.

Wie fügt sich die Summe aller Einzelperspektiven der Mitarbeiter zu einem Bild zusammen, das allen vor Augen führt, wie das Unternehmen funktioniert und welchen Beitrag sie dazu leisten?

Alexander Osterwalder hat die Bedeutung dieser Frage erkannt und ein visuelles Modell geschaffen, das allen Mitarbeitern ermöglicht, ein gemeinsames Bild des Unternehmens und seiner wesentlichen Aspekte und Zusammenhänge zu erarbeiten und auf nur einem Blatt Papier gemeinschaftlich weiterzuentwickeln: den Business Model Canvas. Inzwischen existieren zahlreiche Varianten der Idee, beispielsweise der Lean Canvas, der sich besonders für Situationen eignet, in denen Unternehmen geschäftliches Neuland betreten.

Businesspläne und Organigramme erfassen selten die wesentlichen Erfolgsfaktoren eines Unternehmens – vor allem wenn sie in dynamischen Phasen eine zeitlang nicht aktualisiert worden sind. Hand aufs Herz: Wenn Sie einem Bewerber oder einem neuen Mitarbeiter das Unternehmen erklären – auf welche Materialien können Sie dabei zurückgreifen? Wie leicht fällt es auch erfahrenen Mitarbeitern, Neuerungen des Kerngeschäfts in einer Weise zu visualisieren, der auch Kollegen aus anderen Abteilungen zustimmen würden? Wäre es nicht großartig, wenn wir mit einer einheitlichen Sprache in gemeinsamer Weise auf einem Blatt Papier diejenigen Zusammenhänge visualisieren könnten, von deren Klarheit unser Unternehmenserfolg maßgeblich abhängt?

Der „Business Model Canvas" (canvas = engl. „Leinwand") ist so einfach gehalten, dass alle Beteiligten, vom Vorstand bis zum Dienstleister, in kürzester Zeit – meist in weniger als einer Stunde – in der Lage sind, sachkundig und auf Augenhöhe die Wertschöpfung des Unternehmens miteinander zu reflektieren, Stärken und Schwachpunkte zu identifizieren und Verbesserungsmöglichkeiten im eigenen Bereich und anderswo in einer Weise zu erarbeiten, die der

ZIEL
Das Unternehmen als Ganzes verstehen

ZEIT & DAUER
2–4 Stunden, je nach Größe und Zusammensetzung der Gruppe

ZIELGRUPPE
Mitarbeiter, Kunden, Zulieferer und Partner

SIEHE AUCH
Fearless Journey, Volle Transparenz

management-y.de/ business-model-canvas

Komplexität der vielfältigen Unternehmensverflechtungen deutlich besser gerecht wird als jede abteilungsinterne Diskussion über die Nachbarabteilungen.

Die Grundidee ist simpel und stellt im Wesentlichen die folgenden Fragen in Zusammenhang: Welches sind unsere Zielgruppen? Welche wesentlichen Leistungen erbringen wir im Kern? Über welche Kanäle erfahren Kunden von diesen Leistungen? Wie erbringen wir diese Leistungen und mithilfe welcher Kernressourcen und Partner? Und von welchen Faktoren hängen unsere Erlöse und Kosten maßgeblich ab? Diese Kernfragen auf einem Blatt in Zusammenhang zu stellen, hat schon Zehntausenden Unternehmen einen erheblichen Zugewinn an Klarheit gebracht.

Während der Business Model Canvas besonders geeignet ist, bestehende Geschäftsmodelle zu visualisieren, legt Ash Mauryas Weiterentwicklung „Lean Canvas" den Fokus darauf, die eigentliche Problem- und Aufgabenstellung des Unternehmens zu durchdringen – insbesondere in frühen Innovationsphasen, in denen naturgemäß noch unklar ist, welche Leistungen erfolgreich sein werden. Maurya zitiert den berühmten Erfinder Charles Kettering: „Ein wohlformuliertes Problem ist die halbe Lösung", und fragt gezielt: Welches sind die drei wesentlichen Probleme des Kunden? Wie messen wir Fortschritt? Auf welche Leistungsmerkmale kommt es den Kunden besonders an? Worin liegt unser besonderer Vorteil im Markt?

Der besondere Wert dieser Modelle liegt neben ihren zielführenden Fragen in der Anordnung der Textfelder, die es erleichtert, die wesentlichen Zusammenhänge im Blick zu behalten. Für beide Varianten wie auch viele andere existieren inzwischen digital wie auf Papier zahlreiche Bezugsmöglichkeiten, Druckvorlagen, Softwarelösungen, Lehrmittel und Weiterbildungsangebote.

TEAMGEFÜHL/VERTRAUEN STÄRKEN
FREIRÄUME SCHAFFEN
FÜHRUNG NEU AUSGESTALTEN

CROSS LEVEL GROUPS
HIERARCHIEÜBERGREIFENDE PLATTFORM FÜR DEN WANDEL

Selten schlagen die emotionalen Wellen in Unternehmen höher, als wenn es darum geht, Veränderungen umzusetzen. Um Führungskräfte und Mitarbeitende gleichermaßen in den Veränderungsprozess einzubeziehen, hilft eine Plattform, innerhalb der die relevanten Themen gemeinsam analysiert, Gedanken ausgetauscht und Aktivitäten geplant werden können.

Ein Beitrag von Jérôme C. Niemeyer, Berater

Die mit Veränderungsprozessen betrauten Führungskräfte erfahren schnell, dass die Change-Management-Praxis dem Segeln in stürmischer See gleicht. Oft werden Skepsis, Bedenken und Verunsicherungen hochgespült. Die von der Veränderung Betroffenen machen sich viele Gedanken über mögliche Auswirkungen und wie in der aktuellen Situation gehandelt werden sollte.

Zentral in dieser Zeit ist, die Mitarbeitenden für die Veränderung zu gewinnen. Denn wenn die gesamte Mannschaft an einem Strang zieht, gelingt der Change. Gute Erfahrungen bei der aktiven Gestaltung von Veränderungsprozessen habe ich mit moderierten hierarchieübergreifenden Arbeitsgruppen gemacht. Diese *Cross Level Groups* ermöglichen einen zielorientierten Austausch über die wesentlichen Themen und die Gestaltung der Veränderung.

WIE KÖNNEN SIE CROSS LEVEL GROUPS EINFÜHREN?

- Geben Sie Orientierung, worum es in der Cross Level Group geht, und laden Sie die Mitarbeitenden ein, sich zu beteiligen.
- Klären Sie die Rollen aller Beteiligten. Der hierarchische Rang wird für dieses Meeting „an die Seite gestellt".
- Schaffen Sie optimale Arbeitsbedingungen. Stellen Sie einen geeigneten Raum mit Arbeitsmaterialien (z. B. Flipchart, Stifte), Getränken und beispielsweise Obst zur Verfügung.
- Sorgen Sie für eine gute Arbeitsatmosphäre. Setzen Sie wenige klare Regeln, die gegenseitige Vertraulichkeit schaffen.

ZIEL
Führungskräfte und Mitarbeitende gleichermaßen in den Veränderungsprozess einbeziehen und eine Plattform dafür schaffen

ZEIT & DAUER
Variiert je nach Größe des Projekts, zum Beispiel vierzehntägig 90 Minuten über einen Zeitraum von 3 Monaten

ZIELGRUPPE
Change Agents, Führungskräfte

management-y.de/cross-level-groups

- Wählen Sie das Thema nach Hebelwirkung und Realisierungschance aus. Beschreiben Sie den gewünschten Zustand bzw. das angestrebte Ergebnis möglichst konkret.
- Planen und verfolgen Sie die Umsetzung bis zum erfolgreichen Abschluss der Maßnahmen gemeinsam.
- Kommunizieren Sie regelmäßig und zielgruppenspezifisch. Schaffen Sie einfache und anonym zu nutzende Feedbackkanäle für die nicht beteiligten Mitarbeitenden.
- Zelebrieren Sie den erfolgreichen Abschluss. Beispielsweise mit einer Präsentation der Arbeitsergebnisse im Rahmen einer Mitarbeiterversammlung und einer Abschlussfeier.
- Nach Abschluss der Cross Level Group: Klären Sie, wann eine Bilanz über die Wirkung der Maßnahmen gezogen werden soll, und finden Sie die geeignete Form der Evaluation.

CHANCEN

- Bei der gemeinsamen Auswahl der richtigen Maßnahmen wird klar Schiff gemacht und jeder packt mit an.
- Die Betroffenen kennen „ihren Laden" und bringen ihre Erfahrungen ein. So wird der Kurs abgesteckt und Untiefen und riskante Strömungen werden umschifft.
- Im Veränderungsprozess prüft die Gruppe die Wirkung der Maßnahmen und passt den Kurs der aktuellen Situation an.
- Cross Level Groups dienen als Resonanzkörper für die Kommunikation und helfen, alle mit ins Boot zu nehmen.

DELEGATION POKER
SPIELERISCH VERANTWORTUNG KLÄREN

Delegation Poker ist ein Kartenspiel, das zwischen Vorgesetzten und Mitarbeitern in unter zwei Stunden einen offenen, wertschätzenden, umsetzungsorientierten Gedankenaustausch über Führungsstile und Mitarbeiterkompetenzen entstehen lässt und zu einer einvernehmlichen Entscheidung führt.

Delegation Poker wurde Ende 2010 erstmalig auf einer Agile-Konferenz gespielt und seitdem unter anderem von Jurgen Appelo weiterentwickelt. Das Spiel ist sehr einfach: Man geht gemeinsam Zeile für Zeile eine Liste aller im Team anfallenden Aufgaben durch und lässt bei jeder Aufgabe Team und Vorgesetzte verdeckt eine Karte von 1 bis 7 legen. Die Zahl drückt dabei die persönliche Auffassung darüber aus, ob diese Aufgabe eher vom Vorgesetzten einseitig angewiesen werden sollte („1") oder ohne Rücksprache in Mitarbeiterhand liegt („7") – mit allen Abstufungen von 2 bis 6 dazwischen, etwa Delegationslevel 5: „Der Vorgesetzte gibt Input und der Mitarbeiter entscheidet".

Alle Spieler decken ihre Karten gleichzeitig auf und in einem kurzen Dialog erläutern sich die beiden Spieler mit der höchsten und niedrigsten Ziffer ihre Positionen, während alle übrigen schweigend zuhören. So arbeitet man sich Zeile für Zeile durch die Aufgaben, bis zum Ende der Liste.

Zum Schluss geht man die Aufgabenliste ein zweites Mal durch und ermittelt diesmal für jede Aufgabe, wie diese testweise bis zur Wiederholung des Spiels delegiert werden soll – beispielsweise bis in sechs Wochen. Diese Festlegung erfolgt anhand einer vorher festgelegten Regel, etwa auf den zweithöchsten Wert aller abgegebenen Einschätzungen.

Entscheidend bei diesem Spiel ist nicht das perfekte Ergebnis, sondern vor allem die Tatsache, dass ein Dialog in Gang gesetzt wird. Denn in den folgenden Wochen wird es nicht nur sehr viel leichter, heikle Themen anzusprechen wie etwa „Hatten wir hier nicht Delegationslevel 2 vereinbart?", oder „Hat das Team wirklich die Kompetenz, diese Aufgabe allein zu entscheiden?". Die Vorläufigkeit des Spielergebnisses nimmt der Festsetzung der Delegationslevel die Schwere, da man ihre Zweckmäßigkeit jederzeit erörtern und die Entscheidung spätestens bei der nächsten Wiederholung des Spiels korrigieren kann.

ZIEL
Hierarchieübergreifend die Bereitschaft zu heiklen Dialogen fördern, insbesondere über Vertrauen in Kompetenz und Führung

ZEIT & DAUER
2 Stunden
alle 4-8 Wochen

ZIELGRUPPE
Führungsteam, Teamleitung und Mitarbeiter auf allen Ebenen

SIEHE AUCH
Elch auf dem Tisch

management-y.de/
delegation-poker

Zugleich
verlagern sich die
Gespräche über Führung und
Delegation – da das Team nun offen eingebunden ist – weg von Zwiegesprächen in der Kaffeeküche
hin zu einem wertschätzenden Austausch, bei dem alle miteinander lernen und
gemeinsam Übereinkünfte treffen: ein gutes Bespiel für Führungskultur im 21.
Jahrhundert.

ELCH AUF DEM TISCH
MUT ZU HEIKLEN DIALOGEN

Kulturwandel im Konzern per Einladung in der Hauspost.

In den meisten Haushalten und Familien der Welt findet sich mindestens ein Produkt von Procter & Gamble. Das bald 200 Jahre alte amerikanische Unternehmen ist bei uns für Marken wie Ariel, Pampers, Meister Proper, Blend-a-med, Ellen Betrix und Tempo bekannt. In den Neunzigern fand bei Procter & Gamble ein starker Kulturwandel statt, der mit Führungsbildern wie „envision, empower, enable" moderne Organisationsprinzipien wie dienende Führung, Diversität und Potenzialentfaltung ins Zentrum der Unternehmenskultur rückte. Allein in Deutschland arbeiten derzeit rund 13.000 Mitarbeiter für Procter & Gamble.

Der neue CEO Durk Jager war noch nicht lange im Amt, da wandte er sich mit folgender Videobotschaft an seine Mitarbeiter: „Nun kann ich endlich aussprechen, was mir schon lange auf dem Herzen liegt: Wie oft kommt es vor, dass wir im Meeting sitzen – und auf dem Tisch sitzt ein dicker, dampfender, stinkender Elch, über den niemand spricht. Alle sehen ihn, alle kennen ihn und alle machen komische Klimmzüge, um ihn herumzureden." Dazu machte er mit seiner massigen Figur am Tisch weitausholende Bewegungen nach links und rechts, die verdeutlichten: Dieser dampfende Elch, von dem er spricht, ist wirklich groß. „Ich möchte, dass wir in Zukunft über jeden dieser Elche sprechen, wenn er auf dem Tisch sitzt – egal was auf der Agenda steht. Immer." Kurz nach dieser Videobotschaft erhielten die Führungskräfte mit der Hauspost einen kleinen Plüsch-Elch als Schlüsselanhänger zu ihrem Badge – mit einer von Jager signierten Einladung, diesen kleinen Elch immer bei sich zu tragen und ihn, wenn in einer Besprechung wieder einmal ein Elch auf dem Tisch sitzt, einfach mit einem Lächeln auf den Konferenztisch zu legen und abzuwarten, was passiert.

ZIEL
Tabuthemen salonfähig machen

ZEIT & DAUER
Wenige Sekunden

ZIELGRUPPE
Alle Mitarbeiter, angefangen bei der obersten Führungsebene

SIEHE AUCH
Cross Level Groups, Delegation Poker, Pairing, Superschurke

management-y.de/elch-auf-dem-tisch

DEN KUNDEN ERFORSCHEN
KOLLEKTIV ENTSCHEIDEN
MITEINANDER/VONEINANDER LERNEN

WER LEGT DEN ELCH ALS ERSTER?

Die Wirkung war enorm. Als es wieder einmal soweit war, tauschten wir Blicke aus und feixten: Wer legt den Elch zuerst, du, du oder ich? Dann entstand ein kurzer Moment der Stille. Wer sagt etwas?

Gerade für die jungen Mitarbeiter war es erlösend, Fragen anschneiden zu können, die zuvor als Tabuthema sehr heikel gewesen wären. Die Themen waren immer noch heikel – aber nun war die ausdrückliche Erlaubnis gegeben, darüber zu reden, und noch dazu in sehr spielerischer Form, mit großer Leichtigkeit. In kürzester Zeit wurden jetzt Themen offen erörtert und Probleme gelöst, die in der alten Kultur lange zäh und quälend negiert und entsprechend tatsächlich zu stinkenden, dampfenden Elchen geworden waren. Gut möglich, dass die Aktion „Moose on the Table" – gemessen an ihrer Wirkung – tatsächlich eine der kostengünstigsten Kulturwandel-Maßnahmen der langen Unternehmensgeschichte war.

WEITERE MASSNAHME: KANTINENKASSEN OHNE KASSIERER

Procter & Gamble setzte auch zahlreiche weitere Kultursignale, die mit großer Wirkung das Führungsverständnis unterstrichen. So hat die Kantine der Schwalbacher Deutschland-Zentrale des Konzerns mit ihren gut 2000 Mitarbeitern zwar zehn Registrierkassen – aber keinen einzigen Kassierer. Jeder Mitarbeiter tippt selbstständig den Preis seines Mittagessens in die Kasse, der dann direkt vom Gehalt abgebucht wird. Was für ein Vertrauensbeweis! In vielen Unternehmen undenkbar, so offen zu Missbrauch und Betrug einzuladen. Doch wie wahrscheinlich ist es, dass ein Mitarbeiter sich tatsächlich für ein paar Euro der Peinlichkeit aussetzt, von Kollegen beim Mogeln erwischt zu werden? Da die internen Kostenpauschalen der Mittagsverpflegung über den Kantinenpreisen liegen, ist das Risiko ohnehin begrenzt. Und der Koch, dessen Kernaufgabe während der Essensausgabe schon geleistet ist, assistiert im Kassenbereich bei der Preisfindung, wenn der zu zahlende Betrag einmal unklar ist, und bekommt zugleich vor Ort Kontakt mit seinen Kunden, den Mitarbeitern.

FEARLESS JOURNEY
GEMEINSAM EINEN WEG IN DIE ZUKUNFT ENTDECKEN

Alle Mitarbeiter eines Unternehmens beschäftigen sich zeitgleich in kleinen Gruppen mit der Frage, wie sie vom Status quo zu einem gemeinsam festgelegten Ziel gelangen und welche Hindernisse sie auf dieser Reise aus dem Weg räumen müssen.

Fearless Journey ist ein Kartenspiel, in dem sich ein Team auf die Reise begibt, um ein großes Ziel zu erreichen. Auf dem nicht immer geradlinigen Weg gilt es, verschiedene Hindernisse aus dem Weg zu räumen, die das Team zuvor selbst gefunden und beschrieben hat. Um diese Hindernisse zu überwinden, helfen keine Zaubersprüche, sondern Strategien – und zwar jene, die Linda Rising und Mary Lynn Manns in ihrem Buch *Fearless Change: Patterns for Introducing New Ideas* beschrieben haben. Die Bandbreite der Strategien reicht von „Corridor Politics" (Flurfunk) über „External Validation" (externe Bestätigung) bis hin zu „Time for Reflection" (Zeit für Reflexion). Entwickelt wurden diese Strategien, um Veränderungen im Unternehmen in Bewegung zu bringen und zu halten.

ZIEL
In einem Veränderungsprozess Ängste und Bedenken explizit machen und gemeinsam überwinden

ZEIT & DAUER
2 Stunden

ZIELGRUPPE
Alle von einem Veränderungsprozess Betroffenen

management-y.de/
fearless-journey

DER REISEPLAN

Die Minimalvoraussetzungen für eine Veränderung sind ein Standpunkt (Start), eine Vision (Ziel) und der Wille, sich auf den Weg zu machen.

- Deshalb formulieren die Teilnehmer zunächst ein herausforderndes Ziel, zum Beispiel „Wir wollen unser Unternehmen zu einer agilen Organisation entwickeln".
- Anschließend wird der Status quo niedergeschrieben.
- Dann dürfen alle Teammitglieder darüber grübeln, welche Hindernisse ihnen auf dem Weg wohl begegnen könnten.
- Schließlich machen sich die Teams auf den Weg.
- Die Hindernisse werden wie Ereigniskarten gezogen und blockieren die Zielerreichung, bis entweder ein Umweg gefunden oder das Hindernis beseitigt wurde.
- Die Muster (Patterns) aus dem Buch *Fearless Change* kommen einzeln oder in beliebiger Kombination zum Einsatz. Stets wird gemeinsam entschieden, ob die Musterkombination tatsächlich geeignet ist, um das Problem zu lösen.
- Und schon geht es weiter, auf mitunter geschlängelten Pfaden dem Ziel entgegen.

TEAMGEFÜHL/VERTRAUEN STÄRKEN

FREIRÄUME SCHAFFEN

FÜHRUNG NEU AUSGESTALTEN

FRAG' DEN BEWERBER
DER ERSTE SCHRITT ZUM EMPLOYER BRANDING

Was tun, wenn vielversprechende Bewerber nach dem Vorstellungsgespräch absagen und sich für ein anderes Unternehmen entscheiden? Die Antwort: den Bewerber fragen.

Ein Beitrag von Katja Rudat, Coach und Beraterin

Das passierte Ines Müller (Name geändert), Inhaberin einer familiengeführten, etablierten PR-Agentur. Sie suchte PR-Volontäre, um sie nach der Ausbildung zu übernehmen. Doch keiner der Bewerber, für die sie sich entschied, nahm das Ausbildungsangebot an – und das mehrmals hintereinander. Das war so frustrierend, dass sie sich entschied, der Ursache auf die Spur zu gehen. Was war also zu tun, damit es das nächste Mal besser klappte?

DIE EIGENE SICHT REFLEKTIEREN

Zunächst untersuchte Ines Müller mithilfe einer Beraterin, wie die Gespräche aus ihrer Sicht abliefen. Irgendetwas schien ihr in den Gesprächen schließlich nicht aufgefallen zu sein. Wo war ihr blinder Fleck? Sie beantwortete für sich folgende Fragen:

- Nach welchen Kriterien wählte sie die Kandidaten aus?
- Wie strukturiert liefen der Prozess und das Gespräch ab?
- Wie wurden die Ausbildungsinhalte im Gespräch vermittelt?
- Welchen Eindruck könnte ein Bewerber im Gespräch erhalten haben und wodurch?

BEWERBERFEEDBACK EINHOLEN

Die Agenturchefin wollte sich nicht auf ihre Vermutungen verlassen. Sie war neugierig, wie die ehemaligen Bewerber den Bewerbungsprozess und das Gespräch einschätzten. Rund drei Wochen nach der Absage seitens des Bewerbers wurde dieser von einer externen Beraterin angerufen. Ines Müller entschied sich, das Telefonat einer externen Beraterin zu übertragen, weil sie sich dadurch ein offeneres Feedback erhoffte. Das Feedback war natürlich freiwillig und konnte auch abgelehnt werden, was kein einziger Bewerber tat. Die Rechnung ging auf.

ZIEL
Das Unternehmensselbstbild mit dem Fremdbild der Bewerber abgleichen und daraus lernen; Prozesse und Strukturen im Unternehmen verbessern

ZEIT & DAUER
Pro Bewerber ein Telefonat, gegebenenfalls mit externer Unterstützung; Reflexionszeit für Selbstbild und Selbstbild/Fremdbild-Analyse und Abgleich

ZIELGRUPPE
Personalabteilungen und Recruiter, Inhaber, Geschäftsführer

management-y.de/frag-den-bewerber

BEWERBERFEEDBACK AUSWERTEN

Aus den Gesprächen mit den Bewerbern ergaben sich wichtige Hinweise in Bezug auf die Qualität und die Transparenz der Ausbildungsstruktur. Zwar wurde die wohlwollende und freundliche Atmosphäre in der Agentur als äußerst positiv eingeschätzt. Den Bewerbern fehlten jedoch eine verbindliche Ausbildungsstruktur und ein transparentes Vorgehen bei der Ausbildungsvergütung, die leistungsbezogen erfolgen sollte.

ABGLEICH VON SELBSTBILD UND FREMDBILD

Ines Müller war sich darüber im Klaren, dass sie viel Einsatz von den VolontärInnen verlangte. Im Gegenzug gestand sie ihnen ein hohes Maß an Selbstständigkeit zu – sowohl in der täglichen Arbeit als auch bei der Ausgestaltung der Ausbildung. Was von den Bewerbern als fehlende Struktur empfunden wurde, sah Ines Müller als hohe Freiheitsgrade mit der Möglichkeit, „selbst etwas daraus zu machen". Ihr war nicht bewusst, dass die Freiheit, die eigene Ausbildung selbstständig zu gestalten, von den Bewerbern nicht als Chance gesehen wurde. Im Gegenteil: ihnen erschien dieses Vorgehen undurchsichtig und beliebig.

VERÄNDERUNGEN VORNEHMEN

In der Folge wurde das Ausbildungskonzept komplett überarbeitet. Ines Müller konkretisierte die externen Weiterbildungen und legte Kriterien für die Verkürzung der Ausbildungszeit fest. Zudem erarbeitete sie nachvollziehbare Kriterien für eine leistungsbezogene Ausbildungsvergütung. In Summe entwickelte sie ein transparentes Ausbildungskonzept.

DER ERFOLG

Die nächste Bewerberin, die sich für eine Ausbildung zur Volontärin bewarb – und die Ines Müller unbedingt haben wollte –, sagte zu, weil ihr das strukturierte Vorgehen in der Ausbildung gefiel.

TEAMGEFÜHL/VERTRAUEN STÄRKEN

FREIRÄUME SCHAFFEN

FÜHRUNG NEU AUSGESTALTEN

INGENIEURE ENTWICKELN AGIL
ZUM BEISPIEL KOMPLEXE FAHRZEUGKOMPONENTEN

Mit Scrum kann man nicht nur Software, sondern auch komplexe Ingenieurleistungen entwickeln. Heinz Erretkamps zeigt, wie Scrum selbst im Fahrzeugkomponentenbau Produktqualität und Zusammenarbeit radikal und dauerhaft verbessern kann.

Ein Gespräch mit Heinz Erretkamps, nach vielen Jahren bei Johnson Controls heute selbständiger Organisationsberater für Forschung und Entwicklung

Wie können Ingenieurteams komplexe Produkte agil entwickeln? Gerade sicherheitsrelevante Komponenten wie etwa Autositze erfordern ein perfektes Zusammenspiel von Hardware, Mechanik, Software und Zulieferteilen. Dabei arbeiten an der serienreifen Entwicklung eines neuen Autositzes gleichzeitig Hunderte von Ingenieuren: beim Autohersteller selbst, beim Sitzhersteller und bei dessen Zulieferern.

Ein Sitz besteht aus 200 bis 500 Einzelteilen, der Zeitdruck ist groß, die Komplexität noch größer: Innenraumdesign, CAD, Befestigungen, Mechanik, Materialien, Sicherheitsprüfungen, Innenraumakustik, Elektromechanik, internationale Modellpolitik, Produktionsverfahren, Werkzeugentwicklung, Lieferlogistik, Gewichte und Kosten – all das muss in wenigen Monaten über viele Organisationsgrenzen hinweg aufeinander abgestimmt werden. Dabei wird das Rad nicht immer neu erfunden, doch jedes Fachgebiet ist eine Domäne für sich: Niemand ist auf all diesen Gebieten gleichermaßen versiert und so kommen Dutzende von Perspektiven verschiedener Menschen zusammen, die sich am Ende standortübergreifend auf eine einzige gemeinsame Lösung verständigen müssen.

Als wir begannen, mit Scrum zu experimentieren, wurden wir zunächst belächelt: Alle beschäftigten sich seinerzeit noch mit der Frage, wie man mit klassischem Management den Druck weiter erhöhen und die zentrale Steuerung und Kontrolle noch intensivieren könnte. Niemand konnte sich vorstellen, dass komplexe Aufgaben mit weniger Druck und Kontrolle besser zu bewältigen wären.

Daher waren unsere ersten „Projektofferten" auch eher Feuerwehreinsätze, bei denen nichts mehr zu verlieren war: Wenn wieder einmal ein Entwick-

ZIEL
Organisationsübergreifend besser zusammenarbeiten

ZEIT & DAUER
Eine übergreifende Dreimonatstaktung hat sich bewährt

ZIELGRUPPE
Parallel arbeitende Ingenieurteams

management-y.de/ingenieurteams

DEN KUNDEN ERFORSCHEN
KOLLEKTIV ENTSCHEIDEN
MITEINANDER/VONEINANDER LERNEN

lungsprozess tief in der Krise steckte, hieß es „Na, dann zeigt ihr doch mal was ihr könnt!" Heute weiß ich, dass Firefighting eine denkbar günstige Umgebung für ein agiles Framework wie Scrum war: Alle politischen Machtspielchen, das Verstecken hinter Rollen, Verantwortlichkeiten, Prozessen waren passé. So konnten wir mit Scrum zeigen, wie viel erfolgreicher ein Team ist, das für seine Aufgabe die volle Entscheidungsgewalt und eine klare, für Zusammenarbeit optimierte Rollenverteilung hat.

Aus diesen ersten erfolgreichen Kriseneinsätzen haben wir eine Menge gelernt: etwa was die Kraft der Visualisierung von Fortschritten angeht und die Bedeutung von Disziplin, insbesondere bei den vereinbarten Ritualen, Zwischenresultaten und Rollen – denn die Verlässlichkeit und Routine, die sich rasch daraus entwickeln, helfen Menschen sehr. Oder der notwendige Respekt vor der Verhaltensänderung, die eine andere Form der Zusammenarbeit mit sich bringt: Weder Statusgehabe noch Halbherzigkeiten dienen dem Teamgeist. Und ein gutes Coaching, etwa durch den Scrum-Master, kann in solchen Veränderungssituationen für viele ein sehr wirksamer Begleiter sein. Andererseits wächst ein Team, das so ernsthaft zusammenarbeitet und dank des Sprint-Rhythmus regelmäßig Erfolge zu feiern hat, schnell und nachhaltig zusammen. Das ist Team-Building on the job – niemand braucht hier Powerabseiling-Offsites in dunklen Wäldern, um sich kennenzulernen.

Und die Verbundenheit wird auch zwischen den Abteilungen gefördert. Denn letztlich entwickelt und verfeinert zwar aus dem Scrum-Framework heraus jedes Team seine optimale Arbeitsweise selbst, aber es kann zugleich mit anderen Teams, die ähnlich arbeiten, rasch sehr intensiv und vertrauensvoll zusammenarbeiten.

Die Verknüpfung von agilen Teams und zuliefernden Abteilungen oder Lieferanten, die über eine Lieferkette verbunden sind, hebt den agilen Ansatz auf ein neues Niveau. Jetzt sind die Prinzipien aus dem Lean Development gefragt. Value Stream, Flow, Tact, Line Balancing heißen da die Herausforderungen. Auch hier hilft die Visualisierung. Es wirkt Wunder, wenn die Warteschlangen sichtbar werden – und zwar nicht in einem Report, sondern in Echtzeit, dort, wo sie entstehen.

TEAMGEFÜHL/VERTRAUEN STÄRKEN
FREIRÄUME SCHAFFEN
FÜHRUNG NEU AUSGESTALTEN

Den meisten Projektleitern ist sehr wohl bewusst, dass in zeitlich verzahnten Entwicklungsprojekten viel unproduktiver Leerlauf durch das Warten auf Nachbarteams anfällt. Das muss doch bedeuten, dass die Projekte ohne mehr Arbeitsaufwand wesentlich beschleunigt werden könnten, wenn wir die Zusammenarbeit anders organisieren würden. Was hindert uns daran? Ich erlebe immer wieder Menschen, die in den bestehenden Firmenstrukturen und im Abteilungs- und Hierarchiedenken gefangen sind. Sie kommen nicht einmal mehr auf die Idee, dass es ein Umfeld geben könnte, in dem die Arbeit wieder Spaß macht: ein Umfeld, das die Potenziale der Mitarbeiter, der Teams und letztlich der Organisation hebt und eine innovative, lernende Organisation entstehen lässt.

Gerade im Innovationsbereich zeigen Herangehensweisen wie Design Thinking und Lean Startup die ganze Kraft der agilen Handlungsrahmen. Die Prinzipien sind universell. Alle arbeiten nach dem gleichen Grundsatz, eigenverantwortlich und flexibel in sehr kurzen Liefertakten daran, die tatsächlich notwendigen Ergebnisse zu „entdecken". Und das ist vor allem in einem komplexen Umfeld sehr viel produktiver, als Ergebnisse „von oben" starr vorherbestimmen zu wollen – ob im Gesundheitsbereich, in der Energieversorgung, im Marketing oder im Bildungsbereich; selbst im Privatleben.

Bewährt hat sich beispielsweise ein iteratives Vorgehen in Etappen, die jeweils sechs Sprints à zwei Wochen umfassen. In den ersten fünf Sprints der Etappe werden jeweils Arbeitspakete geliefert, idealerweise Funktionsmuster. Spätestens im sechsten Sprint am Ende jeder Etappe entsteht alle drei Monate ein vollständiger Prototyp, in dem alle Teilbereiche ihren Stand integriert haben: Software, Mechanik, Hardware und Lieferanten. Der Etappentermin wird wie ein SOP (Start of Production) behandelt und nicht verschoben. Durch die Integration wird der Entwicklungsstand deutlich.

Den zweiwöchigen Grundtakt gibt dabei die Softwareentwicklung aufgrund ihrer kurzen Zyklen vor. Andere Teilbereiche können entsprechend ihrem Lieferzyklus eigene Rhythmen wie etwa vier Wochen festlegen. Entscheidend ist, dass alle in denselben 14-tägigen Grundtakt hineinkommen, sodass man Zwischenlieferungen synchronisieren kann, und alle im sechsten Sprint einen Prototypen integrieren. Hierzu stimmen die Teilgruppen ihre jeweiligen Product Backlogs autonom ab. Zusätzlich gibt es eine übergeordnete Planung in Form eines Product Backlogs auf Etappen-Ebene.

Jedes Teilgewerk hat einen Product Owner (PO), die gemeinsam ein PO-Team bilden: Produktmanager, Systemingenieur, Elektronik-PO, Software-PO und Designer. Lieferanten werden aus den einzelnen Gewerken heraus gesteuert. Das Team der POs wird aus technischer Sicht vom Systemingenieur geführt, insgesamt verantwortlich ist der kaufmännische Produktmanager. So ist sichergestellt, dass die einzelnen Konzeptionsbereiche bestmöglich aufeinander abgestimmt werden.

Etappen - Integration - Takt

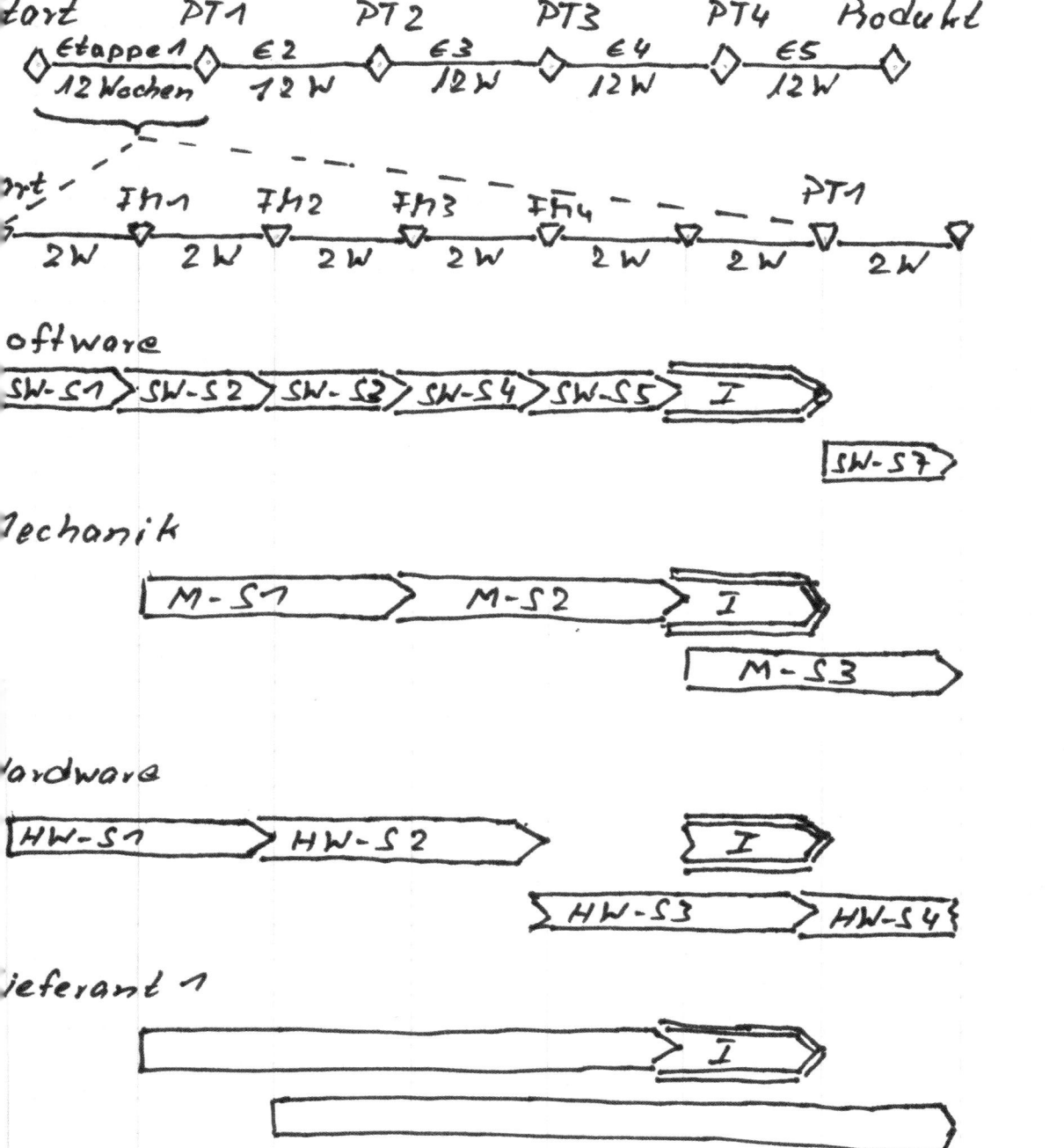

tart PT1 PT2 PT3 PT4 Produkt

◇ Etappe 1 ◇ E2 ◇ E3 ◇ E4 ◇ E5 ◇
   12 Wochen   12 W   12 W   12 W   12 W

art   FM1   FM2   FM3   FM4   PT1

   2 W   2 W   2 W   2 W   2 W   2 W   2 W

oftware

SW-S1 > SW-S2 > SW-S2 > SW-S4 > SW-S5 > I

SW-S7

Mechanik

M-S1 > M-S2 > I

M-S3

Hardware

HW-S1 > HW-S2 > I

HW-S3 > HW-S4

ieferant 1

> I

: Etappe, PT: Prototyp, FM: Funktionsmuster, S: Sprint, I: Integration

JOB-ROTATION
ANDERE PERSPEKTIVEN IM EIGENEN UNTERNEHMEN ERLEBEN

Der Ausflug von Mitarbeitern in andere Abteilungen, Filialen oder Unternehmen eröffnet neue Perspektiven. Es ist eine wirksame Idee für mehr Offenheit gegenüber anderen Bereichen und regt die Kreativität an.

Ein Beitrag von Catrin Graf, Geschäftsführerin von Graf Dichtungen GmbH

Ich führe ein Familienunternehmen mit 30 Angestellten, das mit Tür-, Fenster- und Spezialdichtungen handelt. Wir haben drei Filialen in Deutschland und einen Online-Shop für unsere Produkte. Übernommen habe ich das Unternehmen vor neun Jahren von meinen Eltern. Natürlich wollte ich viele Dinge ändern. Die ganze Kultur baute darauf auf, dass meine Eltern den Weg aufzeigten und dann alle Mitarbeiter fleißig dem vorbestimmten Weg folgten. Mir war klar, dass ich jetzt und in Zukunft mehr auf die Ideen und das Know-how meiner Mitarbeiter angewiesen sein würde.

Mein Traum war, mich überflüssig zu machen. Natürlich nicht in jeder Konsequenz, aber ich wollte viel mehr Freiheit genießen, als ich bei meinen Eltern in den vielen Jahren gesehen hatte. Ich hatte mir in den Kopf gesetzt, jedes zweite Jahr für zwei bis drei Monate das Unternehmen zu verlassen und ganz neue Dinge auszuprobieren. Je länger ich darüber nachdachte, desto klarer wurde mir, dass sich das nur zusammen mit meinen Mitarbeitern verwirklichen lassen würde.

Ich stieß daher einen Prozess der radikalen Transparenz an, alle wichtigen Zahlen wurden veröffentlicht. Meine wesentlichen Verantwortlichkeiten und die der Niederlassungsleiter wurden entwickelt und bekannt gegeben. Die Jahresziele wurden gemeinsam mit dem Team erarbeitet. Nervtötende Prozesse wurden angesprochen und verändert. Regeln wurden aus unserem Wortschatz verbannt und durch Prinzipien ersetzt, die uns Orientierung gaben, ohne uns zu bevormunden.

Diese Maßnahmen konnte ich nur entwickeln, weil ich ständig unterwegs war zwischen den drei Filialen und die Arbeit vor Ort kannte. So kam mir die Idee, dass im Prinzip alle davon profitieren würden, wenn sie nicht immer nur in ihrer eigenen Filiale arbeiteten, sondern auch woanders. In einem Workshop

ZIEL
Silodenken auflösen und mit geringen Mitteln neue Perspektiven für die Mitarbeiter ermöglichen

ZEIT & DAUER
Planung: je nach Anzahl der Mitarbeiter zwischen einem Tag und einer Woche

Rotation: je nach Reiseaufwand ebenfalls zwischen einem Tag und einer Woche

ZIELGRUPPE
Alle Unternehmen, die entweder ihr Silodenken aufbrechen wollen und/oder den Mitarbeitern neue Lernchancen ermöglichen wollen

management-y.de/job-rotation

DEN KUNDEN ERFORSCHEN
KOLLEKTIV ENTSCHEIDEN

MITEINANDER/VONEINANDER LERNEN

entwickelten wir gemeinsam einen Plan, der es jedem Mitarbeiter ermöglichte, eine Woche in einer anderen Filiale zu arbeiten.

DIE HERAUSFORDERUNG

Eine der größten Herausforderungen war die Personallogistik. Da wir als kleines Unternehmen auf keinen Mitarbeiter verzichten konnten, tauschten wir einfach zwei Mitarbeiter. Das ging nicht so schnell, wie wir es uns erhofft hatten, aber innerhalb eines Jahres hatte bereits ein Großteil der Belegschaft eine andere Filiale besucht. Die andere Herausforderung bestand darin, den Mitarbeitern die Job-Rotation schmackhaft zu machen. Dachten wir zumindest. Es stellte sich aber heraus, dass es ein reges Interesse an einem Tausch gab.

DER ERFOLG

Insgesamt erhofften wir uns neue Ideen, Verfahrensweisen und Prinzipien von dieser Aktion. Doch wenn ich zurückblicke, war der größte Vorteil ein ganz anderer: Die Kommunikation zwischen den Filialen hat sich deutlich verbessert. Vorurteile konnten aufgelöst werden, das über die Jahre entwickelte Silodenken begann zu bröckeln und das Verständnis für die Unterschiedlichkeit wurde gestärkt.

Anfang 2013 machte ich meinen Traum wahr. Entgegen vieler Ratschläge verreiste ich drei Monate und überließ das Tagesgeschäft meinen Mitarbeitern. Was soll ich sagen? Es lief wunderbar. Das Vertrauen, das ich in das Team gesetzt habe, wurde nicht enttäuscht. Wir haben ein gutes Jahr, die Zahlen stimmen und das Team ist stolz auf die vollbrachte Leistung. Ich bin froh, die Verantwortung geteilt zu haben, und bereue es keinen Tag.

TEAMGEFÜHL/VERTRAUEN STÄRKEN

FREIRÄUME SCHAFFEN

FÜHRUNG NEU AUSGESTALTEN

KILL YOUR DARLINGS!
GUTE ARGUMENTE FÜR DAS SCHEITERN

Iteratives Arbeiten heißt auch: Arbeitsergebnisse verwerfen. Und zwar ständig! Das ist nicht immer leicht, gerade wenn der Team-Spirit funktioniert, das Team selbst von den Ergebnissen begeistert ist und Mutterinstinkte für das „eigene Baby" entwickelt. Hier hilft nur ein forcierter, fiktiver Perspektivwechsel, von dessen Wirkung Sie verblüfft sein könnten.

August 2012. Das Team brennt. Der erste Prototyp von *Any* steht: Das neue digitale Magazinformat, welches Kunden dazu bringen soll, endlich wieder Geld für Qualitätsjournalismus auszugeben, liegt auf dem Tisch. Eine mögliche Revolution des Verlagswesen. Die Augen des Teams leuchten, die Ziellinie des Acht-Tage-Rennens wurde im Zeitplan erreicht.

Was der Kunde hiervon halten dürfte, ist jedem im Team klar: ein Knüller! Schließlich hat man sich in den letzten acht Tagen nur mit Kundenbedürfnissen auseinandergesetzt. Das Kundenbedürfnis ist demnach glasklar und die Antwort hierauf ein Geniestreich. Wer könnte daran zweifeln? Trotzdem steht heute „Prototypen-Testing" auf dem Programm. Das Team setzt sich in Bewegung zu „Orten des Alltags der potenziellen Nutzer". Ein paar Gespräche mit potenziellen Lesern können nicht schaden, vielleicht in einem Café, um gleich das Schöne mit dem Nützlichen zu verbinden.

Ein Mittdreißiger, Berliner Freelancer (*der* Referenznutzer für alle Produkte des digitalen Lebens und/oder Mediengeschichten) schaut relativ skeptisch drein – aber solche Typen schauen immer skeptisch, wenn die Tablet-Bedienung noch hakt. Eine junge Tänzerin ist mit dem Kanal des Formats unzufrieden, typisch Tänzerin. Auch die Testpersonen 3 bis 7 würden kein Geld für Any ausgeben. Lediglich Tester Nummer 8 findet das Format „awesome". Das Team macht sich leicht ernüchtert auf den Heimweg.

„Egal, das Ding ist *genial*, da müssen wir dranbleiben! Wir hatten halt Pech beim Testen …" Sich einzureden, dass eine aus Kundensicht schwache Idee trotzdem gut ist, ist nicht schwer, wenn das Team am brennen ist. Daher dreht Christa, eines der Teammitglieder, am nächsten Morgen den Spieß um: „Lasst uns den Kopf freikriegen. Nehmen wir an, dass diese Idee eine der schlech-

ZIEL
Auflösen von Beharrungs- und Mutterinstinkten für temporäre Arbeitsergebnisse, z.B. Prototypen

ZEIT & DAUER
5–30 Minuten; zum Abschluss von Arbeitsphasen, deren Ergebnisse zugunsten der iterativen Weiterentwicklung verworfen werden

ZIELGRUPPE
Iterativ arbeitende Teams oder Einzelpersonen

management-y.de/kill-your-darlings

testen ist, die uns je einfallen konnte!" *Kill your darlings*: Jeder sucht in fünf Minuten fünf Argumente, warum er nie im Leben das Produkt kaufen würde, welches gerade als Prototyp vorliegt. Christian legt mit seinen fünf Punkten vor. Gegenargumente fliegen, Christian wird leidenschaftlich, die Runde lacht und seine fünf Gegenargumente auf Post-its klebt er am Ende auf den Prototyp. Lisa macht weiter, es kommen gute Punkte, es wird genickt. Nach zehn Minuten ist die Runde durch – und der Prototyp unter einem Zettelberg voller Gegenargumente begraben. So toll war die Idee offensichtlich doch nicht. Es wird Zeit für eine neue.

Wie das neue Format heißt, wollen wir an dieser Stelle nicht verraten. Nur so viel: Es ist das Gegenteil von *Any* und erreichte im Januar 2013 viele Tausend Leser. Das Ding ist genial, *wirklich* genial …

TEAMGEFÜHL/VERTRAUEN STÄRKEN
FREIRÄUME SCHAFFEN
FÜHRUNG NEU AUSGESTALTEN

KONSENT
"NIEMAND IST DAGEGEN" STATT "DIE MEHRHEIT IST DAFÜR"

An den Grenzen der Demokratie kommt die Soziokratie zu Hilfe.

Wer einmal versucht hat, in einer Gruppe (Team, Abteilung, Vorstand, Unternehmen, Familie, Verein, politische Partei, Staat …) eine Entscheidung demokratisch (das heißt per Konsens) herbeizuführen, der weiß, wie lange sich dieser Prozess mitunter hinziehen kann. Es scheint in der Natur des Menschen zu liegen, dass echte Einigung zur Zufriedenheit aller nicht möglich ist. Oft gibt es einige, die dagegen sind. Fast immer gibt es welche, die weder dafür noch dagegen sind. Beide Gruppen können die demokratische Entscheidung blockieren.

WO IST DAS PROBLEM?
Der Wunsch nach Konsens ist es, der einer schnellen Entscheidung oft im Wege steht. Mit ihrer Unentschlossenheit verhindern viele Beteiligte das Entstehen von Mehrheiten. Zählte man die Unentschlossenen zu den Befürwortern, wäre dieses Problem in vielen Fällen gelöst. Genau dieses Einverständnis ist eines der Grundprinzipien der Soziokratie.

Die moderne *Soziokratie* verdanken wir dem niederländischen Reformpädagogen Kees Boeke, der diese Organisationsform Mitte des 20. Jahrhunderts aus der Systemtheorie und frühen Überlegungen aus dem 19. Jahrhundert weiterentwickelte. Sein Landsmann und Schüler Gerard Endenburg hat das von ihm gegründete Unternehmen Endenburg Elektrotechniek BV nach soziokratischen Prinzipien aufgebaut. Wichtigstes Prinzip ist *Konsent* (niederl. "consent"): Eine Entscheidung wird getroffen, wenn niemand mehr begründete Einwände vorbringen kann.

Ist die Entscheidung getroffen, dann wird sie so schnell wie möglich umgesetzt. Die Umsetzung wird von den soziokratischen Kreisen kontrolliert. Jede Abteilung bildet einen solchen Kreis, ebenso die Leitungsebene und schließlich die Geschäftsführung. Diese Kreise sind über Delegierte und über die vom jeweils höheren Kreis gewählten Leiter eines Kreises miteinander verknüpft. Leiter und Delegierte werden regelmäßig (zum Beispiel alle zwei Jahre) neu gewählt.

ZIEL
Schnelle Entscheidungsfindung

ZEIT & DAUER
Eine Minute für die eigentliche Abstimmung + Zeit für Diskussion

ZIELGRUPPE
Alle Entscheidungsgremien, denen die Konsensfindung zu lange dauert

SIEHE AUCH
Konsultativer Einzelentscheid

management-y.de/
konsent

DEN KUNDEN ERFORSCHEN

KOLLEKTIV ENTSCHEIDEN
MITEINANDER/VONEINANDER LERNEN

Gerard Endenburg

(zitiert aus G. Waldherr: „Die ideale Welt"; brand eins 01/2009)

> Das Leben ist ein dynamischer Prozess, doch in der Arbeitswelt werden wir überall mit starren Modellen konfrontiert, konditioniert auf Ja und Nein, oben und unten, dominiert von Computern, die genauso programmiert sind. Dabei brauchen wir immer mehr ein System, das Flexibilität fördert.

Doch auch ohne Soziokratie ist Konsent ein mächtiges Werkzeug, um Entscheidungen schnell und übereinstimmend zu treffen. Ist das zur Entscheidung anstehende Thema formuliert, wird per Handzeichen abgestimmt:

- Daumen hoch: „Ich bin dafür, die Entscheidung anzunehmen."
- Daumen neutral: „Ich bin zwar nicht davon überzeugt, trage die Entscheidung aber mit."
- Daumen runter: „Ich bin dagegen."

Alle Personen, deren Daumen nach unten zeigt, bringen anschließend ihre Einwände vor, bevor erneut abgestimmt wird.

KONSULTATIVER EINZELENTSCHEID
DER KOMPETENTESTE ENTSCHEIDET

Entscheidend ist, wie man entscheidet. Der konsultative Einzelentscheid vereint die inhaltliche Breite des Gruppenwissens mit der Entscheidungsstärke einer Einzelperson.

Ein Beitrag von Stefan Roock, Geschäftsführer und Management-Coach für agile Produktentwicklung bei it-agile

it-agile ist ein partizipativ organisiertes Unternehmen: Wir versuchen, klassische Top-down-Entscheidungen zu vermeiden und die Mitarbeiter in Entscheidungen, die sie selbst betreffen, einzubeziehen. Mit anfänglich 10 bis 15 Mitarbeitern funktionierte das in gemeinsamer Diskussion ganz gut. Heute, mit mehr als 30 Mitarbeitern, ist diese Art der Entscheidungsfindung sehr anstrengend. Zeitweilig wurden Entscheidungen gar nicht mehr gefällt oder von einem zu großen Anteil der Mitarbeiter nicht mitgetragen.

DIE MECHANIK

Inspiriert durch Niels Pfläging haben wir mit dem *konsultativen Einzelentscheid* experimentiert. Der funktioniert nach folgendem Schema:

- Zuerst wird die zu fällende Entscheidung identifiziert und ein passender Entscheider ausgewählt. Der Entscheider kann derjenige sein, der die größte Expertise zum Thema hat, am meisten für das Thema brennt oder dem ein Interessensausgleich am ehesten zugetraut wird.
- Der Entscheider konsultiert unter Berücksichtigung der Tragweite der Entscheidung verschiedene geeignete Personen. Sind nur wenige von der Entscheidung betroffen und ist der Entscheid reversibel, spricht er vielleicht nur mit zwei oder drei Mitarbeitern. Betrifft die Entscheidung viele Kollegen und ist nur schwer wieder rückgängig zu machen, dann wird er mehrere Mitarbeiter und mitunter auch Personen außerhalb des Unternehmens einbeziehen, zum Beispiel Kunden oder Partner.
- Der Entscheider entscheidet auf Basis der Informationen, die er bei der Konsultation erlangt hat. Dabei ist wichtig, dass der Entscheider selbst entscheidet und seine Entscheidung auch verantwortet. Es geht nicht darum,

ZIEL
Schnelle Entscheidungsfindung

ZEIT & DAUER
Timebox wird individuell festgelegt

ZIELGRUPPE
Alle Entscheidungsgremien, die eine Alternative zum Konsent wünschen

SIEHE AUCH
Konsent

management-y.de/
konsultativer-
einzelentscheid

nach einem objektiven Schema aus den Einzelmeinungen eine Gesamtmeinung zu ermitteln.

- Der Entscheider veröffentlicht seine Entscheidung in der Firma. Dabei macht er deutlich, wen er konsultiert hat, welche Perspektiven er dadurch erlangt hat und wie die Entscheidung ausgefallen ist.
- Die Kollegen akzeptieren die Entscheidung (bis sie gegebenenfalls durch eine neue explizite Entscheidung geändert oder aufgehoben wird). Jeder weiß, dass es perfekte Entscheidungen nicht gibt und der Entscheider sein Bestes getan hat.
- Man reflektiert über die Entscheidung und lernt, wie es nächstes Mal noch besser funktionieren kann.

EIN SELBSTVERSUCH

Für unser Experiment zum konsultativen Einzelentscheid hatte die Geschäftsführung drei Entscheidungen vorbereitet. Als Erfolgskriterium für das Experiment definierten wir, dass wir bessere Entscheidungen mit größerem Commitment der Mitarbeiter bekommen. Die drei Entscheidungen haben wir bei einem unserer monatlichen Company-Meetings vorgestellt. Aus der Diskussion unter den Mitarbeitern entstand spontan noch eine vierte Entscheidung, die wir der Liste hinzufügten:

1. Wollen wir Office-Fridays einführen und wie stellen wir eine ausreichend große und kontinuierliche Beteiligung sicher?
2. Wie wollen wir in Zukunft den fachlichen Austausch der Mitarbeiter untereinander gestalten?
3. Wollen wir für 2014 eine generelle Gehaltsanhebung für alle Mitarbeiter und wie hoch sollte diese ausfallen?
4. Welches inhaltliche Thema wollen wir als nächstes Schwerpunktthema in der Firma angehen?

Anschließend schlugen die Mitarbeiter potenzielle Entscheider vor. Das funktionierte schnell und reibungslos. In Anbetracht der nahenden Weihnachtszeit setzten wir für die Entscheidungen eine Timebox von zwei Monaten an. Nach

Ablauf dieser Zeit waren drei der vier Entscheidungen gefällt. Zwei Entscheider hatten sich eng untereinander abgestimmt, eine Reihe von Kollegen persönlich konsultiert, andere Unternehmen nach deren Erfahrungen gefragt und schließlich ein gemeinsames Modell beschlossen. Der dritte Entscheider hat persönlich einige Kollegen konsultiert und eine Umfrage unter allen Mitarbeitern durchgeführt.

Der Entscheider zum vierten Thema konnte keine Entscheidung fällen. Aus seiner Darstellung der Ursachen haben wir aber viel über konsultative Einzelentscheidungen gelernt und konnten unser Verfahren anpassen. Im konkreten Fall wäre die Entscheidung zu groß und zu früh gewesen. Deshalb haben wir festgelegt, dass es auch in Ordnung ist, wenn der Entscheider das Thema der Entscheidung anpasst. So wurde aus einer Festlegung des Schwerpunktthemas für das Unternehmen die Entscheidung, im April über das aktuelle Schwerpunktthema zu reflektieren und dann zu entscheiden.

Wir fragten anschließend per Thumb-Voting, ob die Mitarbeiter das Experiment zum konsultativen Einzelentscheid erfolgreich fanden oder nicht. Rund 80 Prozent der Mitarbeiter meinten, dass die Entscheidungen besser geworden seien und das Commitment höher sei. Die restlichen 20 Prozent waren der Meinung, dass es zumindest nicht schlechter geworden sei. Also haben wir beschlossen, den konsultativen Einzelentscheid in den Regelbetrieb zu überführen.

Das Verfahren hat bei uns formale Löcher, die im Grunde groß wie Scheunentore sind. So haben wir beispielsweise kein formelles Kriterium, wann wir konsultativen Einzelentscheid anwenden und wann wir versuchen, in der Gesamtgruppe Konsent herzustellen. Außerdem gibt es keine Festlegung, wer oder wie viele Personen erforderlich sind, um einen Entscheider zu bestimmen. Das stellt für uns aber kein Problem dar. Wir sind es gewohnt, mit Unsicherheit umzugehen, und werden über die Zeit Muster erkennen und diese dann bei Bedarf zu konkreten Maßnahmen und Werkzeugen ausarbeiten.

Die Entscheidung von wenigen vorbereitet, aber von allen getragen: So funktioniert der konsultative Einzelentscheid

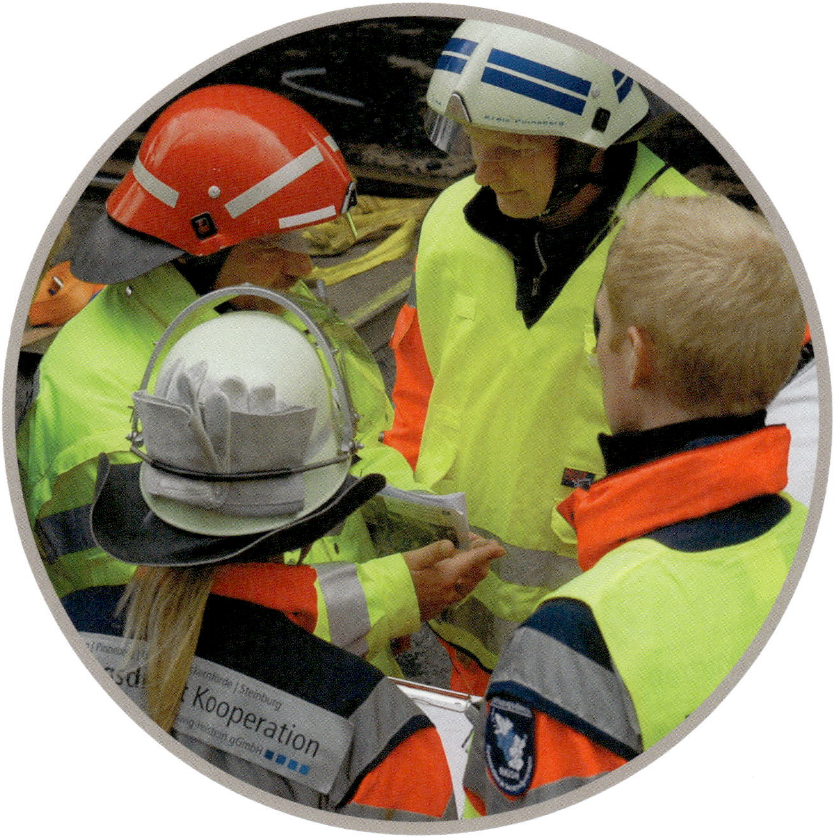
Kooperation

LEITPLANKEN
DIE BEDÜRFNISSE DES UNTERNEHMENS FORMULIEREN

Wie fördern wir Eigenverantwortung und Selbstorganisation im gesamten Unternehmen? Und welche Rolle spielen dann noch die Geschäftsführer, wenn sie es ernst damit meinen? hhpberlin haben ihren Weg gefunden – mit 160 Mitarbeitern an sechs Standorten.

Ein Gespräch mit Karsten Foth und Stefan Truthän, Geschäftsführer von hhpberlin, Deutschlands führendem Ingenieurbüro für Brandschutz

Berliner Hauptbahnhof, Allianz Arena, MyZeil, diverse Flughäfen, Firmenzentralen, Wolkenkratzer, Berliner Staatsoper und Sanssouci: Für die meisten bedeutenden Bauvorhaben der letzten 15 Jahre hat hhpberlin den Brandschutz geplant, damit im Rahmen des Machbaren bei einem Feuer Menschen und Gebäude so sicher wie möglich sind.

hhpberlin hat seit der Neugründung 2001 konsequent Strukturen für eine offene Organisationskultur entwickelt, die Leidenschaft, Selbstorganisation, Kreativität und Zuhören gezielt fördern. Heute organisieren sich die Mitarbeiter in Kreisen, können viele verschiedene Karrierestufen wählen, genießen ein enormes Vertrauen und kümmern sich selbstverständlich um ihre Kinder, um die Firma und umeinander. Dieses Engagement macht erfolgreich. hhpberlin ist seit 14 Jahren stetig gewachsen, von 500.000 Euro Umsatz auf heute knapp 9 Millionen. Und das Unternehmen könnte noch mehr leisten, wenn es genug qualifizierte Brandschutzexperten gäbe …

Als wir bei hhpberlin einstiegen, wollten wir von Anfang an eine transparente Organisation, allein schon, damit die Mitarbeiter schnell lernen können. Brandschutz wird ja nicht ausgebildet; es gibt quasi keinen Nachwuchs von der Uni. Daher war uns von vornherein klar, dass wir selbst ausbilden mussten, allein schon wegen der Größe unserer Projekte.

Wir beide sind als Menschen eher vertrauens- als misstrauensgeprägt. Der Verzicht auf Kontrolle kam anfangs allerdings auch aus der Not heraus, dass wir uns schlicht keine Kontrolleure leisten konnten, denn Brandschutz kommt bei der Budgetierung eines Gebäudes in der Regel zu kurz. Und wir haben sehr früh schon intern Meetings eingeführt, wo wir Gewinne, Umsatz, Kosten, Entwicklungstendenzen, Strategien mit allen Mitarbeitern geteilt haben. Das hatte

ZIEL
Eigenverant-
wortung und
unternehmerische
Verantwortung in
Einklang bringen

ZIELGRUPPE
Mittelstand

SIEHE AUCH
Blueboard,
Volle Transparenz

management-y.de/
leitplanken

DEN KUNDEN ERFORSCHEN

KOLLEKTIV ENTSCHEIDEN

MITEINANDER/VONEINANDER LERNEN

immer auch seine Schattenseiten, weil die Kollegen dachten, das Unternehmen sei eine Art Piratenpartei. So kam öfter ein Wunsch nach Mitbestimmung auf, also zumindest zu sagen: „Hey, Karsten und Stefan, das wollen wir aber nicht so." Worauf wir nur antworten konnten: „Wir sind transparent – aber nicht basisdemokratisch." Dabei kam es öfter zu Konflikten.

Diese Konflikte haben wir heute ausgeräumt, da wir die Bedürfnisse des Unternehmens losgelöst von persönlichen Bedürfnissen besprechen. Wir unterstellen uns damit immer wieder dem Unternehmen. Und wir nehmen uns Zeit, das Gesamtbild zu reflektieren. Eigentlich sind wir Bibliothekare, keine Pharaonen. Wir dienen der Organisation – obwohl sie ja eigentlich uns als Unternehmer bedienen sollte.

Für uns beide war sie immer schon „unsere" Firma, selbst als wir noch keine Anteilseigner waren. Sie war immer „unser" Projekt. Zugleich ging es uns früh darum, individuelle Bedürfnisse zu verstehen – unsere eigenen ebenso wie die eines jeden Mitarbeiters – und im nächsten Schritt Leitplanken des Handelns zu vereinbaren statt starrer Vorgaben von oben nach unten. Wir wollten die Mitarbeiter ermutigen, sich etwas zu trauen – und dann als Chefs nicht meckern, wenn etwas schiefgeht. Natürlich ist man manchmal versucht, anklagend zu rufen: „Du hast einen Fehler gemacht!" Doch in Wirklichkeit habe meist ich als Chef dann falsch oder nicht exakt genug formuliert.

Wir setzen diese „Vernunftleitplanken", die Bedürfnisse der dritten Person, also der Firma. Das mussten wir anfangs erst lernen: den Mut zu haben, das Bedürfnis der Unternehmens zu formulieren, also präzise zu formulieren: „Für unser Unternehmen sind folgende Faktoren wichtig: …", was bedeutet: Egal welche Ergebnisse sich entwickeln, am Ende können wir jedem Weg zustimmen, sofern er diese Vernunftleitplanken berücksichtigt.

Wirklich bereit und auch in der Lage sein, Unternehmensbedürfnisse zu formulieren, bedeutet, sich entwickelt zu haben vom „Bei-sich-Sein" – also „Ich kümmere mich primär um mich und mein Umfeld" – über den Schritt „Ich kümmere mich um mein Team" hin zu „Ich kümmere mich um mein Unternehmen, losgelöst von meinen eigenen Bedürfnissen". Und das sind nur wenige Mitarbeiter; aktuell vielleicht drei oder vier weitere.

TEAMGEFÜHL/VERTRAUEN STÄRKEN

FREIRÄUME SCHAFFEN

FÜHRUNG NEU AUSGESTALTEN

Zu sich selbst finden, das ist wohl eine der größten Herausforderungen in jeder Organisation, auch bei uns: Erst einmal zum eigenen Ich zu finden, dann für sich und sein Team Verantwortung übernehmen zu wollen – und im nächsten Schritt folgt dann die unternehmerische Verantwortung. Diese Entwicklung kann fünf bis zehn Jahre dauern. Man wird keine Führungskraft im Sinne von Erklimmen der Karriereleiter, sondern man entwickelt eine Haltung, eine Art zu handeln. Viele sagen: „Ich übernehme gern die fachliche Verantwortung, aber bitte lasst mich in Ruhe mit der Organisation. Ich will keine Computer bestellen, ich will mich nicht darum kümmern, ob jemand lieber hart oder weich sitzt – und ich will auch nicht dafür zuständig sein, wo er sitzt." Viele Mitarbeiter sind schon allein mit dem Gefühl glücklich, alles gestalten zu können, wenn sie denn wollten. Sie wollen es aber gar nicht. Doch sie spüren, dass es um das Projekt, um sie und um die Ernsthaftigkeit geht – und das hält sie bei der Stange. So braucht es zugleich immer Vorbilder, die vorausgehen und Themen und Verantwortung übernehmen.

Das ist bei uns im Haus auch notwendig, da sich langsam eine mittlere Führungsebene entwickelt. Was jetzt schon toll klappt, sind die Hinweise darauf, wenn jemand mehr Anerkennung braucht. In der Hinsicht sind die Kollegen bereits sehr aufmerksam. Oder sie sagen klipp und klar, wer sich Lob und Anerkennung redlich verdient hat: „Der Kollege leistet hier am meisten, er muss bei dem Thema also auch ganz oben stehen."

Das wollen wir nach und nach weiter professionalisieren, damit diejenigen, die auf diese Weise Verantwortung übernehmen, darin auch Veränderungen und Perspektiven sehen. So vermeiden wir, dass sich klassische Machthierarchien bilden. Hierarchie per se ist nicht negativ – wichtig ist aber, dass Hierarchie auf Themen basiert und niemand „einfach so" eine bestimmte Hierarchiestufe für sich beanspruchen kann.

Uns ist wichtig, dass jeder sich dort engagieren kann, wo er will und wo seine Stärken liegen; unsere Struktur belässt jedem seine Individualität. Das spüren die Mitarbeiter – und deshalb gibt es bei uns auch keinen Futterneid: Jeder, der etwas verändern will, kann das tun, ohne dass er gleich aneckt. Es gibt genü-

Das Organigramm von hhpberlin besteht aus Kreisen, die die unterschiedlichen Kompetenzen und Themen der Mitarbeiter umfassen. Im Zentrum stehen die Ingenieurteams, die projektübergreifend in Zellen organisiert sind. Jeder Zelle hat 5–8 Mitglieder, die vom Alter, Erfahrungsgrad und persönlichen Profil her möglichst gemischt zusammengesetzt sind. Den Außenkreis bilden Teams mit den Stabsaufgaben Talentmanagement, Begeisterung, Produktivität, Projekt- und Finanzmanagement. So kann sich jeder dort engagieren, wo er will und wo er kann; die Struktur belässt jedem seine Individualität.

gend Spielfelder. Genau das soll dieser Organismus „Unternehmen" vor allem ermöglichen: dass die Mitarbeiter sich entwickeln können.

Bei uns im Betrieb ist das mittlerweile Normalität. Unseren Mitarbeitern fällt gar nicht mehr auf, wie sehr sich unsere Organisation im Grunde von vielen Firmen unterscheidet. Gut, das mag auch daran liegen, dass niemand wirklich Zeit hat, sich zurückzulehnen und das mal genauer zu analysieren. Wir leben einfach in einer Art Dauer-Euphorie hier.

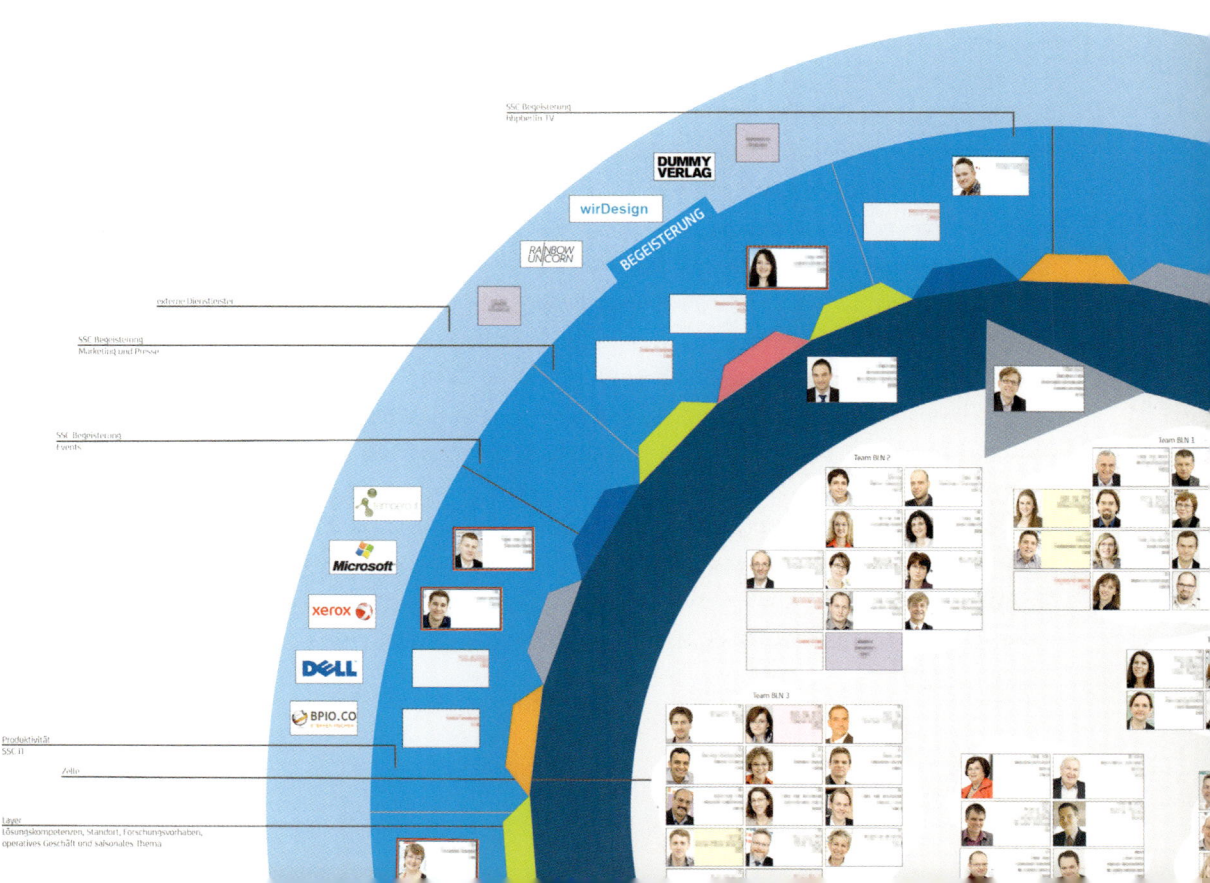

MENTORING
WIE NEUE KOLLEGEN IHREN PLATZ IM UNTERNEHMEN FINDEN

„Ein Mentor ist jemand, der dort, wo ich hin möchte, bereits gewesen ist."

DER MENTEE An meinem ersten Arbeitstag wusste ich schon, dass ich einen Mentor bekommen würde, und fand das sehr ermutigend. Im Nachhinein betrachtet gab es dafür kaum Gründe, denn uns fehlten die meisten Startvoraussetzungen für eine fruchtbare Mentor-Mentee-Beziehung: Weder hatten wir uns selbst aufgrund gegenseitigen Interesses ausgewählt noch hatten wir Erfahrung als Mentee oder Mentor. Wir haben vorher nicht unsere Erwartungen abgestimmt oder regelmäßige Treffen vereinbart. Auch aus der täglichen Arbeit ergaben sich kaum Berührungspunkte, da wir in unterschiedlichen Projekten arbeiteten.

Doch schon im ersten Gespräch mit Holger merkte ich, dass eine wichtige Voraussetzung gegeben war: Wir mochten uns und konnten gut miteinander reden. Sehr schnell merkte ich auch, dass mein Mentor nicht nur ein erfahrener Berater war, sondern viele andere Fähigkeiten und Eigenschaften besaß, die mir damals und heute ein Vorbild sind. Zu diesen Fähigkeiten gehört, dass Holger ein guter Zuhörer ist und sich sehr gut in meine Situation als Berufsanfänger hineinversetzen konnte – obwohl er zu diesem Zeitpunkt bereits seit vielen Jahren als Berater arbeitete. Unsere Gespräche habe ich von Anfang an als Dialog wahrgenommen, der mir neue Perspektiven auf meine aktuelle berufliche Situation aufzeigte. Das war immer ermutigend und oft auch inspirierend. Holger schaffte es zudem, dass wir ein gemeinsames Projekt hatten: Wir schrieben gemeinsam mit anderen Kollegen ein Buch.

Wenn wir uns heute sehen, denke ich, dass es genau diese Dinge sind, die ein gutes Mentoring auszeichnen. Da sich diese Beziehungen am ehesten von selbst finden, haben wir bei Holisticon die Regeln für das Mentoring geändert. Wir haben nun keine Mentoren mehr, sondern Einstiegshelfer, die neuen Mitarbeitern vor allem im ersten halben Jahr als Ansprechpartner dienen. Ich glaube, dass sich jeder selbst darum kümmern sollte, den richtigen Mentor beziehungsweise Mentee zu finden, da dies ein Katalysator für die persönliche Entwicklung ist – und zwar für beide Seiten!

ZIEL
Neuen Mitarbeitern die Orientierung erleichtern, Vertrauen aufbauen, die Unternehmenskultur kennenlernen, Wissensinseln vorbeugen

ZEIT & DAUER
In der Einarbeitungsphase oder während der gesamten Firmenzugehörigkeit – eventuell auch darüber hinaus

ZIELGRUPPE
Neue Mitarbeiter (Mentee), erfahrene Mitarbeiter (Mentor)

management-y.de/ mentoring

DER MENTOR Als ich gefragt wurde, ob ich Carls Mentor sein möchte, fragte ich zunächst die anderen Mentoren, was für Erwartungen an diese Rolle geknüpft seien. Die Kollegen entgegneten, dass das vom Mentee abhänge und dass sie selbst noch in der Findungsphase seien. Daraus zog ich zwei Schlüsse:

- Sprich selbst mit deinem Mentee.
- Tausche dich regelmäßig mit den anderen Mentoren aus.

Die Gespräche mit Carl waren immer eine Freude. Wir unterhielten uns über unsere Beratungsprojekte, ich gab ihm ein paar Tipps für den Umgang mit König Kunde, mit den Kollegen und der lieben Konkurrenz. Auch wenn ich mich nicht wie ein alter Hase fühlte, so merkte ich doch, dass meine Erfahrungen, die ich in ähnlichen wie den von Carl geschilderten Situationen gemacht hatte, von Nutzen waren. Oft genügt es ja, festzustellen, dass man nicht der erste Mensch auf Erden ist, der sich einem bestimmten Problem stellen muss.

Je sicherer Carl im Projektumfeld wurde, desto mehr drehten sich unsere Gespräche um seine Rolle im eigenen Unternehmen: Wo will er hin? Wie kommt er dorthin? Wer kann ihm dabei helfen? Der organisatorische Rahmen, den die flachen Hierarchien und die wenigen Regeln bildeten, waren für jemanden, der Holisticon nicht von der Pike auf kannte, manchmal zu offen. Indem ich ihm vor dem Hintergrund meines unternehmenskulturellen Verständnisses die Leitplanken zeigte und Handlungsoptionen entwickelte, konnte ich Carl die gewünschte Orientierung bieten. Hier erwies sich der regelmäßige Austausch der Mentoren untereinander als große Hilfe.

Wie wichtig die aktive Begleitung des Mentee ist, wurde mir erst bewusst, als es schon fast zu spät war. Deshalb erhöhten wir die Frequenz der Treffen, was im Beratungsgeschäft nicht immer einfach ist. Ich erinnere mich gerne an ein langes Gespräch an der Hamburger Binnenalster, in dem wir die Rollen Mentor/Mentee immer wieder wechselten, was zu tollen Erkenntnissen führte. Obwohl ich nicht mehr bei Holisticon arbeite, treffe ich mich nach wie vor gerne mit Carl und wir führen diesen Dialog bis heute fort.

TEAMGEFÜHL/VERTRAUEN STÄRKEN

FREIRÄUME SCHAFFEN

FÜHRUNG NEU AUSGESTALTEN

NEUEINSTELLUNG DURCH DAS TEAM
MUT ZUM VETO

Beim Veto–Recht werden möglichst viele Mitarbeiter in den Bewerber–Auswahlprozess eingebunden, um ein umfassendes Bild von dem potenziellen neuen Kollegen zu bekommen. Am Ende wird jeder Beteiligte mit einem Vetorecht ausgestattet. Keine Einstellung bei auch nur einem Veto.

„So, der Bewerber Michael Müller hat sich nun euch allen mit seiner Präsentation vorgestellt. Nun machen wir das, was wir immer tun nach der Bewerberrunde: Wir machen zuerst eine Meinungsrunde und stellen dann die Veto-Frage. Wie ihr wisst, hat jeder das Recht auf ein Veto. Wenn möglich, wäre eine kurze Begründung hilfreich, damit wir alle die Chance haben, das Veto zu verstehen. Also: Wer hat eine Meinung zu Michael?"

Verschiedene Meinungen werden geäußert. Zwei Teammitglieder äußern Bedenken. Der Bewerber wirkt auf sie zu egoistisch und scheint nur auf das eigene Fortkommen fixiert zu sein. Da das Team viel Wert auf das Miteinander legt, haben sie die Befürchtung, dass der Bewerber sich nicht integrieren lässt. Es wird weiter diskutiert, da andere Kollegen einwerfen, dass ein neuer Mitarbeiter dringend gebraucht wird, da ansonsten die Arbeit für die restlichen Kollegen zu viel wird.

Nach ca. 15 Minuten Meinungsaustausch übernimmt die Recruiterin das Wort: „Wir hatten jetzt alle die Möglichkeit, unsere Meinungen zu Michael zu sagen. Nun sollten wir zur Abstimmung kommen: Wer möchte ein Veto einlegen?" Drei Hände gehen hoch.

Die Recruiterin: „Danke für eure Offenheit. Das war ja nun nicht die erste Runde und der Kandidat hatte insbesondere heute die Möglichkeit, seine Persönlichkeit zu zeigen. Also, kurz und gut: Wir sagen ab. Herzlichen Dank für euer Engagement."

Das ist ein Beispiel, wie das Veto-Recht bei Neueinstellungen laufen kann. Dabei können die Prozesse je nach Unternehmensgröße variieren. Bei Unternehmen mit weniger als 30 Mitarbeitern können alle Mitarbeiter einbezogen werden. In größeren Unternehmen alle Kollegen, die später mit dem Kandidaten zusammenarbeiten werden.

ZIEL
Mitarbeiter in die Verantwortung für Neueinstellungen ziehen und so die Integration neuer Kollegen erleichtern

ZEIT & DAUER
Ca. 90 Minuten pro Bewerber (60 Minuten Bewerberpräsentation, 30 Minuten Diskussionszeit)

ZIELGRUPPE
Personalabteilungen, Führungskräfte

management-y.de/vetorecht

Veto!

Die größte Hürde besteht für Führungskräfte darin, die Kontrolle über die Entscheidung wirklich abzugeben. Das ist psychologisch nicht immer einfach. Manche versuchen eine abgeschwächte Form und holen sich nach der Bewerbungsrunde die Meinung aller ein oder nehmen eine Punkteskala zu Hilfe. Klingt erst mal gut. Doch wenn der Kandidat gegen das Votum des Teams oder Einzelner aus dem Team eingestellt wird, führt das zu Frustration und zu einem geringeren Engagement bei den folgenden Einstellungen.

DIE VORTEILE DIESER METHODE

- Das kollektive Bauchgefühl wird genutzt und ist häufig ein besserer Indikator als das eines Einzelnen.
- Fehlentscheidungen werden verringert – die Fluktuation sinkt.
- Neue KollegInnen werden viel besser in das Team integriert, sowohl fachlich als auch zwischenmenschlich.
- Die neuen KollegInnen erfahren beim Antritt ihrer Stelle von dem Verfahren und fühlen sich dadurch von allen akzeptiert.
- Mit Fehlentscheidungen wird deutlich konstruktiver umgegangen und es werden gemeinsame Lösungen gesucht. Weniger von: „Das hätte ich euch auch gleich sagen können, dass der/die nicht passt.“

Unser Tipp: Wenn Sie diese Methode einsetzen wollen, dann geben Sie Ihren Mitarbeitern echte Entscheidungsbefugnis. Die Erfahrung zeigt, dass mit dieser Macht sehr verantwortungsvoll und sorgsam umgegangen wird. Vertrauen Sie Ihrem Team!

183

TEAMGEFÜHL/VERTRAUEN STÄRKEN
FREIRÄUME SCHAFFEN
FÜHRUNG NEU AUSGESTALTEN

NOBODY'S PERFCT
PER KARTENSPIEL ZUR FEHLERKULTUR

Mit einem einfachen Kartenspiel wird die altbekannte (aber gern vergessene) Erkenntnis vermittelt, dass nur jene Probleme gemeinsam behoben werden können, von denen alle wissen – Grundvoraussetzung für eine Kultur der Fehlertoleranz in Projekten und Unternehmen.

Die Kernidee von *Nobody's Perfct* ist die spielerische Vermittlung der Tatsache, dass es viel zielführender ist, Probleme offen auszusprechen und gemeinsam zu lösen, anstatt sich allein mit dem Problem zu beschäftigen. Die Spieler sollen erfahren, wie wohltuend Offenheit im Umgang mit Problemen sein kann, und dieses Gefühl in ihren Alltag mitnehmen.

Als Ausgangspunkt dient ein handelsübliches Poker-Blatt. Dieses Kartenspiel wird unterteilt in technische und soziale Fehler beziehungsweise Probleme (schwarze Karten) und Lösungen (rote Karten). Die Größe des Problems wird durch den Kartenwert bestimmt. Oft tragen mehrere Spieler einen Teil zur Lösung des Problems bei. Die Lösungen werden in einem Wissensstapel abgelegt und können wiederverwendet werden. Auf diese Weise wird sichtbar, wie im Laufe des Spiels das kollektive Lösungswissen wächst. Das bestätigt auch Timofey Yevgrashyn, Agiler Coach, Consultant und Trainer aus Kiew (Ukraine), der das Spiel mitentwickelt hat:

> Eine aus meiner Sicht wichtige Kernregel ist der „Stapel des Wissens", auf dem alle Lösungen gesammelt und wiederverwendet werden können. Damit lässt sich das Konzept des empirischen Lernens und der Schaffung einer gemeinsamen Wissensbasis vermitteln, das auch von Scrum und anderen agilen Methoden propagiert wird. Ich bin immer wieder verwundert darüber, wie wenige Unternehmen ihr Lösungswissen dokumentieren und für alle zugänglich machen. Regelmäßig durchgeführt, kann „Nobody's Perfct" die Sammlung und den Austausch von Wissen fördern.

Timofey Yevgrashyn, Agiler Coach, Consultant und Trainer

ZIEL
Eine Kultur der Fehlertoleranz fördern, gemeinsam aus Fehlern lernen

ZEIT & DAUER
40–60 Minuten

ZIELGRUPPE
Teams und Abteilungen

SIEHE AUCH
Fearless Journey

management-y.de/nobodys-perfct

DEN KUNDEN ERFORSCHEN

KOLLEKTIV ENTSCHEIDEN

MITEINANDER/VONEINANDER LERNEN

Yevgrashyn nutzt das Spiel im Rahmen seiner Trainings zur Teamdynamik. Dieses Training richtet sich an Teamleiter und Manager, deren Aufgabe es ist, eine bestehende Gruppe von Mitarbeitenden auf ihrem Weg zu einem selbst organisierten Team zu begleiten, das sich durch ein hohes Maß an Synergie und Kollaboration auszeichnet. In den öffentlichen Trainings kommen Mitarbeiter unterschiedlicher Unternehmen und Branchen zusammen. Bei unternehmensinternen Trainings hingegen entstammen alle Teilnehmer demselben organisatorischen Kontext. In beiden Konstellationen bevorzugen die Teilnehmer die Behandlung echter Probleme anstelle von erfundenen Herausforderungen.

Auf die Frage, ob der spielerische Aspekt seine Kunden nicht verstöre, hat Yevgrashyn eine klare Antwort parat: „Seriöse" Spiele als Werkzeug zur Vermittlung von Konzepten und Denkweisen seien nicht neu und haben ihren Vorteil gegenüber strukturierten Diskussionen und intellektuellen Brainstormings vielfach unter Beweis stellen können. Frage man eine Person direkt und unausweichlich nach möglichen Risiken einer bevorstehenden Veränderung, dann kann das eine Denkblockade auslösen. Mithilfe des Spiels komme eine Diskussion viel leichter und natürlicher in Gang, was einen großen Einfluss auf die Qualität der Ergebnisse haben kann.

OPEN SPACE
EINE AGENDA ENTSTEHT VON SELBST

Open Space ist im Unternehmensumfeld immer dann gefragt, wenn ein wirklich wichtiges Thema von einer großen Gruppe unter verschiedenen Aspekten beleuchtet werden soll mit dem Ziel, kreative Lösungen zu entwickeln.

MARKTPLATZ DER IDEEN

Die Agenda (der „Marktplatz") beim Open Space ist zunächst leer. Jeder Teilnehmer kann ein Thema einbringen. Er stellt es kurz vor und hängt es an die Agenda. Gibt es mehr Themen als freie Plätze, wird abgestimmt. Anschließend werden die eingereichten Themen in offenen dynamischen Kleingruppen diskutiert und dokumentiert.

Die Vorteile dieser Methode: Es werden nur jene Themen diskutiert, die von vielen Teilnehmern als relevant erachtet werden. In den Kleingruppen finden unterschiedliche Perspektiven Berücksichtigung. Anhand der Dynamik lässt sich schnell ermessen, wie wichtig oder umstritten ein Thema ist.

Es muss einen dringenden Anlass geben, damit die Teilnehmer die nötige Energie aufbringen. Das Thema muss außerdem komplex genug sein, damit sich eine Gruppendiskussion mit verschiedenen Perspektiven und Lösungsansätzen entwickeln kann. Und jeder muss den Mut haben, sein Thema offen zur Diskussion zu stellen, und dabei das Risiko in Kauf nehmen, dass es niemanden interessiert – eine unangenehme, aber wertvolle Erkenntnis.

WAS IST WIRKLICH WICHTIG?

Die neue Strategie der FORTIS IT-Services GmbH warf trotz guter Vorbereitung und Kommunikation bei den meisten Mitarbeitern immer noch viele Fragen auf. Außerdem war die Strategie noch nicht in allen Aspekten umsetzbar, weil einige Maßnahmen fehlten. Ein klassisches Strategie-Meeting, in dem nach einer vorgegebenen Agenda die wichtigsten Themen behandelt wurden,

ZIEL
Ein wichtiges und komplexes Thema multiperspektivisch diskutieren

ZEIT & DAUER
Klassisch 2½ Tage; funktioniert ab einem Zeitraum von vier Stunden

ZIELGRUPPE
Großgruppen bis hin zum gesamten Unternehmen (20-2000 Personen)

management-y.de/open-space

186

Hubertus
Bergmann,
Geschäftsführer
FORTIS IT-Services
GmbH

> Durch die Open-Space-Methode werden bei FORTIS nur jene Themen iden-
> tifiziert und umfassend bearbeitet, die für viele Kolleginnen und Kollegen
> eine Dringlichkeit haben. Dabei entsteht eine hohe Eigen- und Teammotiva-
> tion, sich für eine Sache nachhaltig zu engagieren.

scheiterte schon an der Beantwortung der Frage, welches denn die wichtigsten Themen waren. Um das herauszufinden, veranstaltete FORTIS ein Open Space.

OPEN SPACE TECHNOLOGY

Open Space wurde in den 1980er-Jahren von Harrison Owen als Moderationsmethode für Großgruppen entwickelt. Es beruht auf Owens Beobachtung, dass auf klassischen Konferenzen die wirklich interessanten Diskussionen in den Kaffeepausen stattfinden. Mit Open Space hat er für diesen Austausch einen schlanken organisatorischen Rahmen geschaffen, in dem sich Innovationskraft und Lösungsorientierung entfalten können.

Neben den im Beispiel erwähnten Strategie-Workshops eignet sich Open Space im Unternehmensumfeld immer dann, wenn ein wirklich wichtiges Thema von einer großen Gruppe unter verschiedenen Aspekten beleuchtet werden soll mit dem Ziel, kreative Lösungen zu entwickeln. Darüber hinaus wird heute bei einigen Fachkonferenzen ein Open-Space-Marktplatz eingerichtet, damit die Teilnehmer neben der Frontalberieselung im klassischen Fachvortrag die Möglichkeit bekommen, ihre eigenen Fragen und Ideen zu diskutieren. Aus demselben Grund verwenden einige Interessengruppen (Communitys) dieses Format für ihre Treffen.

DAS GESETZ DER ZWEI FÜSSE

Open Space definiert vier Regeln und das Gesetz der zwei Füße. Letzteres besagt, dass jeder Teilnehmer den Verlauf des Open Space selber bestimmt, indem er eine Gruppendiskussion nur so lange besucht, bis er entweder nichts

TEAMGEFÜHL/VERTRAUEN STÄRKEN

FREIRÄUME SCHAFFEN

FÜHRUNG NEU AUSGESTALTEN

mehr zur Diskussion beitragen kann bzw. möchte oder nichts mehr aus der Diskussion lernt. Dann kann er sich einer anderen Gruppe zuwenden. Schwirrt ein Teilnehmer zwischen verschiedenen Gruppen hin und her, um die jeweilige Diskussion mit Erkenntnissen aus anderen Diskussionen zu befruchten, dann spricht man metaphorisch von „Hummeln". Als „Schmetterlinge" werden jene Teilnehmer bezeichnet, die durch den Raum spazieren, Pausen machen und „einfach nur da" sind.

Das Gesetz der zwei Füße räumt den Teilnehmern die Autorität über ihre Zeit ein. Als mündige Menschen werden sie die Zeit gut zu nutzen wissen – vermutlich besser als in regelmäßigen Meetings und Jour Fixes, deren Teilnehmerkreis oft historisch bedingt ist und in denen kein Teilnehmer die Möglichkeit hat, sich bei der Diskussion irrelevanter Themen zu verabschieden und sich wichtigeren Dingen zuzuwenden. So betrachtet (und angewendet!), kann dieses einfache Gesetz helfen, eine starre Meeting-Kultur durch eine flexiblere und zugleich menschenfreundlichere Ergebniskultur abzulösen.

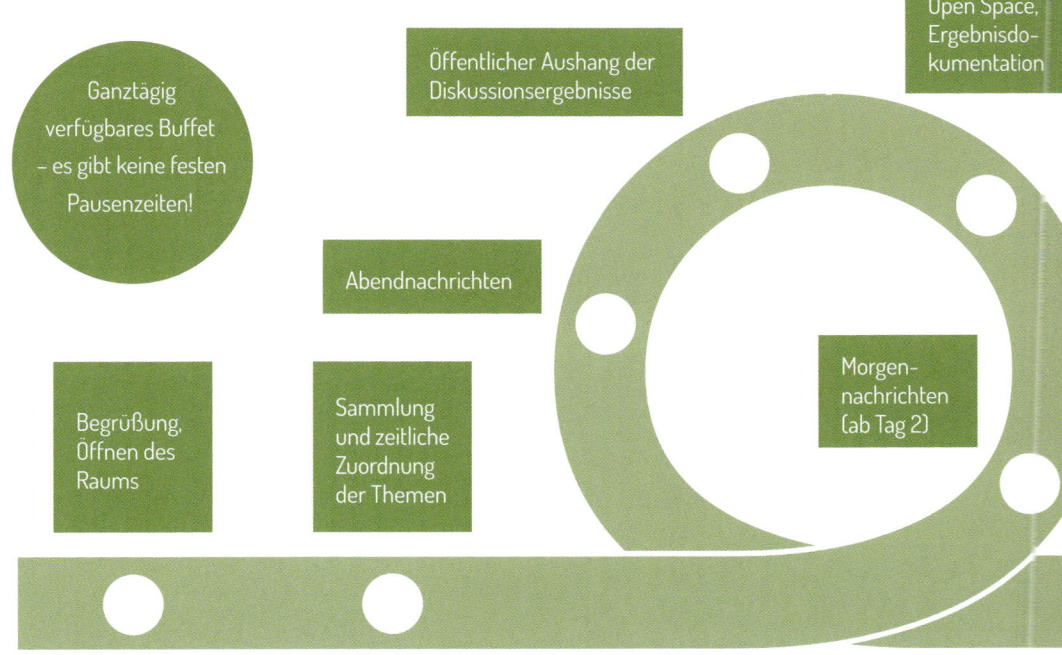

Gruppendiskussion nach den Regeln des Open Space, Ergebnisdokumentation

Öffentlicher Aushang der Diskussionsergebnisse

Ganztägig verfügbares Buffet – es gibt keine festen Pausenzeiten!

Abendnachrichten

Morgennachrichten (ab Tag 2)

Begrüßung, Öffnen des Raums

Sammlung und zeitliche Zuordnung der Themen

DIE REGELN DES OPEN SPACE

WER AUCH IMMER KOMMT: ES SIND DIE RICHTIGEN LEUTE

Es ist nicht wichtig, ob ein Thema mit zwei oder zwanzig Teilnehmern diskutiert wird, solange alle das Thema für relevant erachten und deshalb eine Diskussion für richtig halten.

WAS AUCH IMMER GE-SCHIEHT: ES IST DAS EINZIGE, WAS GESCHEHEN KONNTE

Keine Angst vor Unerwarte-tem! Ein Themenwechsel im Laufe der Diskussion kann neue, überraschende und wertvolle Erkenntnisse bringen. Es empfiehlt sich, die Diskus-sionsergebnisse schriftlich festzuhalten, um auch jenen Teilnehmern die Ergebnisse zugänglich zu machen, die an anderen zeitgleich stattfin-denden Diskussionsrunden teilgenommen haben.

ES BEGINNT, WENN DIE ZEIT REIF IST

Wichtig ist, die Diskussion dann zu beginnen, wenn alle inner-lich bereit dafür sind – sonst fehlt die Energie für eine gute Diskussion.

VORBEI IST VORBEI – NICHT VORBEI IST NICHT VORBEI

Es gibt kein definiertes zeitliches Ende für eine Diskussionsrunde – allein die Energie der Teilnehmer ist entscheidend. Diese Regel wird in einigen Open-Space-Imple-mentierungen um eine zeitliche Obergrenze ergänzt. Ist diese erreicht, dann beginnt das nächste Thema. Sollten sich noch genügend Interessenten für das ursprüngliche Thema finden, dann werden sie dieses (woanders) weiter diskutieren.

Auswer-tung der Ergebnisse, Ableiten konkreter Maßnahmen

Abschluss-runde, Schließen des Raums

PAIRING
SCHAMLOS ZU ZWEIT VIERMAL BESSER

Positionen doppelt besetzen? Im Zeitalter des Stellenabbaus unvorstellbar. Dabei sind Zweierteams viel effizienter und schneller als Einzelkämpfer, sodass die vermeintlichen Mehrkosten mehrfach wieder hereinkommen: allein schon weil man sich zu zweit einfach helfen kann statt sich zu schämen, wenn man etwas nicht kann.

Ein Beitrag von Johannes Mainusch, Leiter Softwareentwicklung E-Commerce bei Otto, inzwischen CTO bei der e-Post Development GmbH

WARUM NACHDENKEN ÜBER SCHAM?

Wer bei seiner Arbeit Neuland betreten muss, ist oft unsicher und traut sich nicht rechtzeitig um Unterstützung zu bitten, aus Angst, dadurch seinen Expertenstatus zu gefährden. Dann beginnt er, eine kleine Lüge zu leben. Ein Ausweg wäre, sich mit noch mehr Geschäftigkeit und Komplexitätsnebel-Kanonen zu tarnen, damit dies nicht weiter auffällt. Die Folge: Die Lüge wird größer, die Überforderung auch – und dabei entsteht Scham. Eine Scham, die unausgesprochen zur Blockade wird. Je länger das so weitergeht, desto größer werden Scham und Überforderung, Lerneffekte verringern sich und die Kommunikation verschlechtert sich, sowohl im Team als auch mit dem Auftraggeber oder dem Vorgesetzten. Die Scham bremst den Menschen aus.

In unseren beruflichen Rollen betreten wir oft Neuland. Programmierer zum Beispiel entwickeln ständig neue Lösungen –manchmal analog zu bereits gefundenen Lösungen, doch oft ziehen gerade dann, wenn ein Problem einem anderen zu ähneln scheint, „nur ein paar kleine Anpassungen" einen Rattenschwanz großer Überraschungen und Probleme nach sich. Lehrer stehen mit ihrem Lehrplan vor immer neuen Klassen, vor anderen Kindern mit unterschiedlichen Lernbiografien. Marketing lebt von Wiederholung; Verkaufserfolge nicht.

Viele Schambarrieren gibt es zum Beispiel bei der Softwareentwicklung. Der Fachbereichskollege und der Chef können nicht programmieren, sonst würden sie es ja selber machen. Weil Programmieren kompliziert und unverständlich ist, tritt bei beiden folgender Schameffekt ein: „Ich verstehe das nicht, das klingt alles so kompliziert… Das sage ich aber besser keinem! Wie peinlich,

ZIEL
Schambarrieren überwinden, Wissen teilen, Qualität und Geschwindigkeit steigern

ZEIT & DAUER
Während der gesamten Dauer der Aufgabe, wobei die Teamzusammensetzung öfter wechseln kann

ZIELGRUPPE
Experten, die üblicherweise alleine arbeiten

SIEHE AUCH
Delegation Poker, Nobody's Perfct, Superschurke

management-y.de/pairing

Zum Thema
Scham und wie die
verdrängte Scham
unsere gesamte
Gesellschaft
beeinflusst,
empfehle ich den
hervorragenden,
unorthodoxen
und berührenden
kurzen TED-Talk
über Verletzlichheit
von Brené Brown.

dass ich so inkompetent bin. Also rede ich mit dem Entwickler besser nicht so viel." Und der Entwickler denkt: „Das Programm ist leider noch nicht absolut perfekt, dafür schäme ich mich; daher spreche ich lieber nicht so viel darüber. Und schon gar nicht Klartext, sonst merken die anderen ja, wie unzulänglich meine Arbeit bisher ist."

Ärzte am Operationstisch machen vor, dass es nicht immer nur um Kosten geht, sondern auch um Wissensaustausch, um Sicherheit und Risikominimierung und um bessere Lösungswege. Nicht auszudenken, wenn ein Chirurg im OP aus Scham etwas Wichtiges unterließe oder überhaupt Entscheidungen zulasten des Patienten träfe. Daher stehen an OP-Tischen meist mehrere Menschen statt nur einem, und sie unterstützen sich gegenseitig. Ähnlich ist es bei Bergsteigern und der Luftraumüberwachung, und das aus gutem Grund. Doch in vielen anderen verantwortungsvollen Berufen sind die Menschen mit ihrer Scham und ihren natürlichen Unzulänglichkeiten allein…

GEGENBEWEGUNG ZUM KLASSISCHEN EINZELEXPERTEN

Entsprechend entsteht in der Softwareentwicklung unter dem Begriff „Pair Programming" eine Gegenbewegung zum klassischen Einzelprogrammierer: Ein Partner arbeitet mit Tastatur und Maus unmittelbar an der jeweiligen Programmieraufgabe. Der andere Partner denkt strategischer: Stimmt der grundsätzliche Ansatz? Wie könnten wir das testen? Können wir das Gesamtsystem so ändern, dass für die Aufgabe kein Bedarf mehr besteht?

Auf diese Weise steigt die Qualität der entstehenden Software erheblich und schlechte Lösungen werden schneller erkannt. So wird das Ziel wesentlich schneller erreicht. Zugleich teilen die beiden ihr Wissen, sowohl über die gefundene Lösung selbst als auch über geeignete Ansätze. Und auch eine weitere Schambarriere wird überwunden: Sie besteht darin, über die erarbeiteten Lösungen gemeinsam zu reden. Dabei treten unter Umständen die eigenen Irrtümer und Kompetenzlücken zutage. Und das ist gut fürs Team und fürs Produkt.

Aus meiner Sicht kommen wir gar nicht umhin, diesen Weg zu beschreiten. Denn wer sich ständig für seine Fehler schämt, wird es schwer haben, hinzuzulernen. Und um ein Hinzulernen geht es immer, wo wir Neuland betreten.

TEAMGEFÜHL/VERTRAUEN STÄRKEN
FREIRÄUME SCHAFFEN
FÜHRUNG NEU AUSGESTALTEN

Wer lernt, über seine Arbeit und womöglich über seine Kompetenzlücken und Grenzen zu sprechen, verbessert sich dadurch automatisch – allein schon weil man sich seiner Grenzen besser bewusst wird und lernt, sich im Interesse des Projektes von anderen „schamlos" Unterstützung zu holen.

KEIN RAUM FÜR SCHAUMSCHLÄGER UND NEBELWERFER

Diese Art von Transparenz bietet auch Schaumschlägern und Nebelkanonen, die sonst gern in Projekten mitlaufen, kein gutes Überlebensmilieu – daher tauchen sie hier selten auf. Darüber hinaus verringern sich Scham und Ängste, wenn wir eine solche Doppelbesetzung mit einem Begriff wie „Pairing" institutionalisieren, denn das Sprechen über neue Methoden, mögliche Fehler und offene Lösungsfindung gehört damit ab sofort einfach zur täglichen Arbeit dazu.

In der E-Commerce-Entwicklung bei Otto arbeiten inzwischen 14 solcher Programmiererpaare, die mehrfach täglich untereinander die Partner wechseln. Der Zugewinn aus dieser Investition ist jetzt schon enorm: Zuletzt haben wir die gesamte E-Commerce-Plattform von www.otto.de mit ihren über 100.000 Benutzern pro Stunde ausgetauscht: Ein Zwei-Jahres-Projekt, drei Monate schneller abgeschlossen als geplant, innerhalb der Budgetgrenzen – und mit „Continuous Deployment", was so viel bedeutet wie höchste Marktnähe statt starrer Go-live-Termine. Allein für den Zugewinn an Kompetenz und Kultur hätte sich das Investment in die Schambremse „Pair Programming" schon gelohnt.

FAZIT

Ich glaube, eine solche Doppelbesetzung à la Pair–Programming ist zumindest die Zukunft der Softwareentwicklung, wenn nicht das Ende des Einzelexpertentums schlechthin. Exzellenz wird sich immer mehr über offene, gerne kontroverse, aber immer ziel- und lernorientierte Kommunikation manifestieren als über mutmaßliche Fachkompetenz. Wir Experten werden zu Experten mit menschlicher Zusatzqualifikation, Individualität und geteilter Leidenschaft … die sich nicht dafür schämen, Experten oder Nerds zu sein.

PROTOTYPING
SCHNELLE, SICHTBARE ERGEBNISSE

Das prototypische Testen von Ideen und Konzepten ist überaus lehrreich, das weiß inzwischen jeder. Entscheidend ist daher nicht mehr ob, sondern wann der Prototyp rausrollt. „Nach vier Stunden Projektlaufzeit" ist ein guter Daumenwert. Sie bräuchten mindestens vier Tage, um die Probanden zu organisieren? Nicht wenn Sie auf der Straße testen und Mut zur Lücke haben ...

Juni 2011: Smartphones sind auf dem Vormarsch und stehlen so manchen Branchen die Kunden. Tragbare MP3-Player verkaufen sich schon länger nicht mehr und auch der Absatz an dedizierten Navigationsgeräten stagniert. Wir, eine Gruppe von UX-Designern, unterstützen ein mittelgroßes Unternehmen, welches die Flucht nach vorne antreten will. Mit angepassten Navigationslösungen sollen nun insbesondere Kunden angesprochen werden, die Smartphones nicht nutzen wollen oder können. So ist ein Navigationsgerät für Sehbehinderte das Ziel eines laufenden Innovationsprojekts.

Produktentwicklung ist kein Neuland für das software-lastige Unternehmen. Agile Entwicklung à la Scrum wird seit Jahren mit Erfolg genutzt. Und so ist auch Prototyping hier kein Fremdwort, das schnelle Realisieren von Produktfunktionen zu Testzwecken ist gang und gäbe. Ein Sticker mit der Aufschrift „Fail Early and Often" ziert den Kühlschrank in der Kaffeeküche.

Es existiert daher bereits ein Prototyp, als unser Team engagiert wird: eine rudimentäre Software und ein zusammengeflicktes mobiles Navi mit einem cleveren Konzept für Sprachein- und -ausgabe. Alles sehr improvisiert, allerdings auch in lediglich vier Wochen realisiert. Unser Job soll es nun sein, eine weitere Lösung zu entwickeln, die Sehbehinderten die Menübedienung des Navis ohne optisches Feedback ermöglicht. Und das möglichst schnell, damit man den Prototypen bald testen kann.

Wir überreden das Entwicklerteam, die Menüführung erst einmal hintanzustellen und stattdessen einen Test mit dem „halbfertigen" Prototypen durchzuführen. Einfach so, auf der Straße, mit sehbehinderten potenziellen Nutzern. Ein einziger Tag würde schon reichen. Bereits die erste Viertelstunde mit dem ersten Testnutzer zeigt: Kein Blinder setzt sich im Stadtverkehr Kopfhörer auf!

ZIEL
Möglichst schnell im Projekt über reale Stärken und Schwächen von Ideen und Konzepten lernen, um frühe und grundlegende Entscheidungen informierter treffen zu können

ZEIT & DAUER
4 Stunden zum Vorbereiten des Prototypen. 2-3 Stunden zum Testen

ZIELGRUPPE
Teams oder Einzelpersonen, die Produkte oder Services für Kunden erfinden oder verbessern

management-y.ce/ prototyping

Auch weitere befragte Sehbehinderte bestätigen: Es ist ein absolutes Tabu, den für Blinde wichtigsten Sinn – den Gehörsinn – durch Kopfhörer zu schwächen oder gar zu blockieren.

Zu unserer Erleichterung trägt das Entwicklerteam die schlechte Nachricht, dass die Idee im Kern nicht funktioniert, mit Fassung. Vielleicht auch, weil uns eine Testnutzerin schon einen Lösungsansatz mit auf den Weg gegeben hat: Das Anzeigen von Richtung, Start und Stopp durch Buzzer, welche rundum auf einem umgeschnallten Gürtel verteilt sind. Alle sind begeistert von dieser Idee, die von diesem Zeitpunkt an weiterverfolgt wird.

Jeder, der sich mit dem Thema Produktentwicklung beschäftigt, kennt das Prinzip: frühes, kostengünstiges Lernen durch frühes Ausprobieren und Scheitern. Ob Agile, Scrum, Design Thinking oder Lean Startup – schnelles Prototyping ist ein zentraler Aspekt aller neueren Entwicklungsansätze. Und doch dauert in der Praxis der Weg eines Prototypen auf die Straße meist viel zu lang. Die vier Wochen im obigen Beispiel hätten weniger als eine halbe sein können. In der Regel ist für jedes Konzept, das älter als vier Stunden ist, die Zeit reif für einen Test „im wahren Leben", egal ob Navi, App oder Service. Planen Sie zusätzlich vier Stunden für den „Bau" eines Prototypen ein – und dann ab auf die Straße ins Feierabendgetümmel. So weiß man bereits am Abend, ob man mit dem Konzept auf dem richtigen Weg ist oder nicht. Dazugelernt hat man in jedem Fall.

Menschen sagen gerne ihre Meinung zu Produkten oder Lösungen, die sie als hilfreich oder spannend empfinden. Mit einem Prototypen ein Gespräch zu starten ist so einfach, unterhaltsam und naheliegend, dass wir überlegen, es als Tool an Dating-Plattformen zu verkaufen.

Gehen Sie raus, tun Sie sich den Gefallen!

SLACK
IDEEN DEN PASSENDEN RAUM GEBEN

„Ich finde es toll, dass mir mein Unternehmen die Freiräume gibt, die ich brauche, um mich selber zu verwirklichen", lobt Karsten Thoms das Innovationsmodell seines Arbeitgebers.

Die itemis AG ist ein IT-Beratungsunternehmen mit Hauptsitz im westfälischen Lünen. Um den 170 Mitarbeitern ein gutes und motivierendes Arbeitsumfeld zu bieten, sie an das Unternehmen zu binden und qualifizierte Bewerber zu gewinnen, hat itemis das Modell „4+1" entwickelt. Die Mitarbeiter erhalten dabei einen Tag der Woche zur persönlichen Weiterbildung, wobei ihnen freisteht, sich in Technologien, Sprachen oder anderen Bereichen fortzubilden. Wer möchte, kann außerdem Schulungen und Trainings nicht nur besuchen, sondern gemeinsam mit Kollegen entwickeln und das gesammelte Wissen an das Team weitergeben.

WENN 4+1 MEHR ALS 5 ERGIBT

Als IT-Technologieunternehmen unterliegt itemis sehr kurzen Innovationszyklen und ist daher stark abhängig vom Know-how seiner Mitarbeiter. Im Vordergrund steht demnach die fachliche Fortbildung. Das neu erworbene Wissen wird von den Mitarbeitern oft in Form eines Vortrags auf einer Fachkonferenz oder eines Artikels in einer Fachzeitschrift ausgearbeitet. Das steigert das Wissen und Ansehen des Mitarbeiters ebenso wie den Bekanntheitsgrad des Unternehmens gleichermaßen. Doch nicht alle Weiterbildungsaktivitäten sind fachlich orientiert. Auch die Stärkung von Soft Skills oder Sprachkurse sind erlaubt. Ein direkter Bezug zur Arbeit ist dabei nicht zwingend nötig. Eine Einladung zum Faulenzen?

Thomas Kutz, IT-Berater bei itemis, widerlegt diese These: „Dass die Mitarbeiter trotz der Freiräume dennoch so engagiert sind und diese nicht zum Nachteil des Unternehmens ausnutzen, hatte ich in der Form so nicht erwartet." Von den „jungen Wilden", die mit dem Einstieg in eine IT-Beratung ihr Hobby zum Beruf gemacht haben und auch in ihrer Freizeit gerne Software entwickeln, wird das 4+1-Modell oft als Anerkennung ihres Engagements in der Open-Source-Softwareszene verstanden. Dabei darf nicht vergessen wer-

ZIEL
Weiterbildung individualisieren und flexibilisieren, Freiraum für Innovation schaffen

ZEIT & DAUER
Ein festes Zeitkontingent pro Monat/ Quartal/Jahr

ZIELGRUPPE
Wissensarbeiter

management-y.de/slack

den, dass auch Softwareentwickler älter werden und infolgedessen oft eine Schwerpunktverlagerung stattfindet. itemis-Berater Michael Nöthe formuliert das so: „Als Vater habe ich außerhalb der Arbeitszeit nicht oft die Gelegenheit, mich konzentriert weiterzubilden. 4+1 gibt mir die Möglichkeit, mich in einem Bereich meiner Wahl weiterzubilden – und das während der Arbeitszeit! Mein angeeignetes Wissen fließt dafür wieder zurück in das Unternehmen.“

itemis ist mit diesem Modell sehr erfolgreich – und nicht allein. Auch Gore, 3M oder Google nutzen die Kraft des *Slack*. Nicht nur die berühmten Post-its, auch viele andere kleine Innovationen sind entstanden, weil Mitarbeitern der Freiraum gegeben wurde, ohne äußere Zwänge zu forschen und (sich) zu entwickeln. Um ein Modell zu finden, das für das eigene Unternehmen passt, muss man manchmal ein wenig experimentieren. Die Beratungsfirma it-agile hat drei Jahre gebraucht, um die ideale „Slack Time“ zu finden. In dieser Zeit wurde nicht nur viel über das Thema diskutiert, sondern es wurden auch drei Experimente mit unterschiedlichen Modellen durchgeführt. Heute stehen jedem Mitarbeiter 30 Tage Slack Time zur freien Verfügung.

FEDEX DAY: INNOVATION IN 24 STUNDEN

Eine organisierte und gemeinschaftliche Form von Slack sind *FedEx Days* – benannt nach dem Kurierdienst und bezogen auf dessen Versprechen, innerhalb von 24 Stunden auszuliefern: Produktexperten und -entwickler beschäftigen sich in kleinen Teams einen Tag (und manchmal auch eine Nacht) lang mit einem Thema aus dem Produkt- und Dienstleistungsumfeld ihres Unternehmens. Ihr Ziel: etwas Neues, Nutzbringendes zu schaffen. Die Teams stellen sich gegenseitig ihre Ergebnisse vor, oft wird ein Sieger gekürt. Findet eine solche Veranstaltung regelmäßig statt, stärkt das die Innovationsfähigkeit eines Unternehmens viel mehr als jedes noch so gut gemeinte und strukturierte Innovationsprogramm.

TEAMGEFÜHL/VERTRAUEN STÄRKEN

FREIRÄUME SCHAFFEN

FÜHRUNG NEU AUSGESTALTEN

SUPERSCHURKE
DEINE GRÖSSTE SCHWÄCHE

Flache Hierarchien in Teams führen zu clevereren Ergebnissen – oder zum Streit. Denn fehlt das Machtgefälle im Team, so haben plötzlich persönliche Dissonanzen Platz in den Diskussionen. Vorbeugend wirken kann ein sukzessives Aufdecken der Wurzeln dieser Dissonanzen. Klingt gefährlich, kann aber sogar Spaß machen ...

Sie wissen es längst: Ein funktionierendes Team ist eine notwendige Voraussetzung für den erfolgreichen Abschluss eines Projekts, welches Teamarbeit erfordert. Und solche Projekte werden immer häufiger.

Auch ein wichtiger Grund für schwergängige oder nicht funktionierende Teams dürfte einleuchtend sein: Dissonanzen zwischen den Mitgliedern, und zwar auf der persönlichen Ebene. Besonders anfällig hierfür sind Konstellationen, welche bereits grundlegend divers angelegt sind: interdisziplinär, abteilungs- oder unternehmensübergreifend, warum auch immer. Was Sie vielleicht überrascht: Der Mechanismus, der persönliche Dissonanzen absorbiert und diese somit weniger gefährlich für den Projekterfolgt macht, heißt Hierarchie. Ein klares Entscheidungsmonopol und Machtgefälle kann Diskussionen kurzschließen („Wir machen das jetzt so!") und erfolgsgefährdendes Verhalten umlenken („Sie machen das jetzt so!").

In einem abteilungsübergreifenden Projektteam eines namhaften Autobauers gab es weder Entscheidungsmonopol noch Machtgefälle. Es gab hingegen ein quer über den Unternehmenssparten liegendes, vergleichsweise jung besetztes Innovationsteam, ausgestattet mit dem immer öfter zu findenden Mandat: „Ihr macht das schon!" Und sie machten. Bis Steffen plötzlich der Kragen platzte.

ZWEI TAGE VOR DER REVIEW-BOARD-PRÄSENTATION

Steffen: „Hey Andreas, hör mal zu! Dein ständiges Hinterfragen von allem und jedem bringt uns echt nicht weiter! Übermorgen ist Zahltag! Dieses Genörgel geht mir schon die ganze Zeit auf die Nerven!"

ZIEL
Vorbeugen von projektbeeinflussenden persönlichen Dissonanzen der Teammitglieder untereinander

ZEIT & DAUER
15 Minuten, zu Beginn neuer Projektphasen oder nach dem Dazustoßen neuer Teammitglieder

ZIELGRUPPE
Interdisziplinäre (Projekt-)Teams ohne expliziten oder mit sehr auf Augenhöhe bedachten Teamleiter

management-y.de.superschurke

DEN KUNDEN ERFORSCHEN
KOLLEKTIV ENTSCHEIDEN
MITEINANDER/VONEINANDER LERNEN

Andreas: „Genörgel? Was denkst du, was wir jetzt in den Händen hätten, wenn wir das ganze Projekt nach deiner ‚Alles easy, das wird schon'- Attitüde durchgezogen hätten?" (Äfft dabei Steffens etwas höhere Stimmlage nach) „Ein Haufen alberner Quatsch, den uns das Board um die Ohren haut!"

Beatrice: „Habt ihr sie noch alle, jetzt hier so eine Diskussion vom Zaun zu brechen? Schaut mal auf die Uhr! Wenn hier alle so viel labern würden wie ihr beide, dann hätten wir noch nicht mal einen Haufen Quatsch – dann hätten wir gar nichts!"

Steffen: „Komm Beatrice, sei froh, dass hier ab und zu mal einer mit ein paar Ideen kommt und sich nicht bei jeder kleinen Diskussion gleich wie du hinterm Laptop verkriecht und E-Mails checkt."

Beatrices Verhalten, sich schon bei kleinsten Diskussionen auszuklinken, um anderweitig „produktiv" zu sein, kennen Sie vielleicht. Zwei Wochen nach der gar nicht so schlecht verlaufenen Präsentation vor dem Review-Board heißt Beatrice daher auch oft „die Ausklinkerin". Jeder in Ihrem Team weiß um diese Eigenart von ihr und sie weiß es selbst am besten. Und wenn es mal wieder so weit ist und sie während einer heißen Diskussion wieder den Laptop aufklappt, ruft jemand: „Hey, Ausklinkerin! Die Diskussion könnte so viel reicher sein mit dir!" Dann grinsen alle – sie auch – und Beatrice rafft sich auf. Kein Streit, kein Missmut.

Die „Ausklinkerin" ist der Superschurke von Beatrice, ihr Alter Ego sozusagen. Jeder in ihrem Team hat einen. Er verkörpert eine „böse" Eigenschaft, die in der Teamarbeit besonders negative Auswirkungen hat. So gibt es beispielsweise einen Kollegen „Mr. Tapedeck", der in Gesprächen alle seine Argumente endlos wiederholt und sich selbst durch Einwürfe nicht bremsen lässt. Jetzt weiß es jeder, und fällt das Stichwort in seiner Gegenwart, bringt er seinen Monolog zu Ende und ist wieder dialogbereit.

Erfunden wurden die Superschurken aller Teammitglieder in einer Superschurken-Runde, wie sie nun immer am Anfang einer Projektphase stattfinden, insbesondere wenn neue Teammitglieder zum Projekt hinzustoßen. Diese Runde dauert nie länger als 15 Minuten und läuft wie folgt ab:

Zunächst stellt sich jedes Teammitglied selbst folgende Fragen:

- Welche meiner Eigenheiten oder Charaktereigenschaften könnten die Zusammenarbeit mit mir erschweren oder haben diese in der Vergangenheit erschwert? Versetzen Sie sich in Ihre Kollegen. Sehen Sie sich selbst aus deren Brille oder vergegenwärtigen Sie sich bereits erhaltenes Feedback hierzu.
- Wie heißt mein Superschurke, der diese Eigenschaften verkörpert, und wie sieht er aus? Erfinden Sie einen knackigen Titel und zeichnen Sie Ihren Schurken auf A4-Größe.
- Was tut mein Superschurke, wenn er in Aktion ertappt wird? Was tut er, um seinem Namen gerecht zu werden?

Welches wäre Ihr Superschurke? Welches wäre der Ihrer Kollegen?

Dabei erfinden alle Teammitglieder in jeder Superschurken-Runde einen neuen Charakter für sich. Anschließend stellen sich alle Teammitglieder ihre Superschurken kurz gegenseitig vor … sowohl die Neuen als auch die Alten. Das Team wählt dann jeweils, welcher Charakter für ein einzelnes Mitglied der passendste und damit sein aktuelles Alter Ego wird.

So wird niemand direkt kritisiert. Vielmehr tastet sich jeder mithilfe des Teams selbst an seine Schwächen heran. Vor allem bei längeren Projekten oder dauerhafter Zusammenarbeit ergibt sich so die Gelegenheit, spielerisch und schrittweise die persönlichen Eigenheiten aller Kollegen zu „enttabuisieren" und zu thematisieren. Und dies ist die Grundlage für einen offeneren, stetigeren Austausch über Eigenschaften, die zu Dissonanzen führen können. Und so können über die Zeit verteilt Spannungen abgebaut werden, bevor eine nahende Deadline den Ton schärfer macht und das Fass zum Überlaufen bringt. Die 15 Minuten könnten also kaum besser investiert werden …

TEMENOS
KENNEN WIR UNS WIRKLICH?

Ein geschützter Raum voller Überraschungen.

Ein Beitrag von Christine Neidhardt und Olaf Lewitz, Temenos-Hosts

In einem *Temenos* (griech. geschützter, heiliger Raum) erleben Menschen und Teams eine andere, ungewohnt wertschätzende Art der Kommunikation. Temenos stellt den Menschen in den Mittelpunkt, und zwar so, wie er ist – ohne Rollen und die damit verbundenen Erwartungen und Anforderungen. Das erleichtert den Kontakt zu anderen Teilnehmern und schafft eine Atmosphäre der Offenheit und Neugierde, in der Konfrontation und die Verteidigung des eigenen Standpunkts keine Rolle spielen. Die positiven Effekte: mehr Authentizität, mehr Zuhören, weniger Reden; mehr Mut und Selbstverantwortung, weniger Schuldzuweisungen. Das Temenos lehrt und lädt dazu ein, diese sicheren Räume eigenverantwortlich zu schaffen – und das nicht nur im privaten, sondern auch im beruflichen Alltag. Erste innovative Firmen in Deutschland sammeln gerade Erfahrungen mit Temenos im Unternehmenskontext, darunter it-agile und //SEIBERT/MEDIA.

Der Ablauf eines Temenos führt von der Vergangenheit (Influence Map) zur Gegenwart (Clean Slate) und von dort in die Zukunft (Personal Vision). Drei Fragen gilt es dabei zu beantworten:

- Was hat uns in der Vergangenheit geprägt?
- Wie authentisch sind wir heute?
- Wer wollen wir morgen sein?

In jedem Schritt wird zuerst reflektiert, dann (vorzugsweise grafisch) visualisiert und schließlich vor der Gruppe präsentiert. Jeder bekommt den gleichen Freiraum geboten, um über das persönliche Erleben des eigenen Unternehmens oder Teams zu reflektieren und seine Vorstellungen für die Zukunft zu vermitteln. Aus der Summe der persönlichen Geschichten und Visionen ergibt sich ein gemeinsames Bild: die Vision des Unternehmens.

Dank der grafischen Darstellung der Geschichte werden analytisches und intuitives Verständnis der Zuhörer gleichermaßen aktiviert, um ein ganzheitliches, vertieftes Verständnis der Geschichte zu gewinnen.

ZIEL
Vertrauen aufbauen, Teams stärken

ZEIT & DAUER
2-3 Tage; ein Speed-Temenos dauert 90 Minuten

ZIELGRUPPE
Teams (und solche, die es werden wollen), Abteilungen, Unternehmen

management-y.de/temenos

Mit einfacher Zeichnungen die persönliche Geschichte erzählen.

202

Ich habe noch nie in so kurzer Zeit so unglaublich viele „Du bist okay"-Botschaften bekommen – selbst zu Punkten, wo ich sie niemals erwartet hätte.

BEWUSSTE WAHRNEHMUNG STÄRKT DAS TEAM

Die Stärke von Temenos liegt im Team-Building. Die Teilnehmer machen sich bewusst, mit wem sie gerne zusammenarbeiten möchten und warum. Je mehr sie über ihre Kolleginnen und Kollegen erfahren, desto größer die emotionale Nähe. Plötzlich fällt es leicht, unangenehme Dinge anzusprechen und andere, abweichende Meinungen zu akzeptieren. Je bewusster die Bedürfnisse der anderen wahrgenommen werden, desto wertschätzender lässt sich damit umgehen. Daraus erwächst eine gemeinsame Kraft, die Mut und Menschlichkeit gleichermaßen befördert und eine neue Kultur des Vertrauens begründet.

In einer Vertrauenskultur gibt es keine unternehmenspolitischen Machtspiele. Das Unternehmen wird zu einer Gemeinschaft von Unternehmern, die das Ziel ihres Tuns erkannt haben und einander bei dessen Erreichung unterstützen. Die Mitarbeiter finden Sicherheit und Halt in dieser Gemeinschaft. Ein solches Unternehmen dient den Zielen der Mitarbeiter und der Kunden.

Stefan Roock,
it-agile GmbH

> Das von Olaf Lewitz und Christine Neidhardt geleitete Temenos vertieft in kurzer Zeit unwahrscheinlich die Kenntnis über die individuellen Geschichten und die Bedürfnisse der Mitarbeiter. In der Konsequenz erleben wir firmenübergreifend mehr Empathie, was die Führung vereinfacht – für mich und meine Kollegen.

TEMENOS IN DER PRAXIS

„Olaf und ich stehen vor einer Gruppe von Menschen, die es sich in Sesseln und auf Sofas bequem gemacht haben. Eine Berliner Firma hat uns in diesen naturverbundenen Tagungsort in Brandenburg eingeladen, um dort einen eintägigen Temenos zu veranstalten. Die Firma sucht eine Antwort auf die drängende Frage, ob die kreativen, mehrheitlich selbstständigen Mitarbeiter weiter an die Firmenidee glauben oder ihre eigenen Wege gehen. Wir sind gespannt auf die Antworten.

[...] Jetzt finden sich Menschen zu Zweiergruppen zusammen und erzählen einander Ihre Geschichte zu der Kernfrage „Was hat mich geprägt?". Ein angenehmes Summen aus angeregten Gesprächen erfüllt den Raum. Immer neue Zweiergruppen bilden sich, Geschichten wandeln sich. Verbindungen entstehen. Die positive Energie ist deutlich spürbar.

Gemeinsam eine Kultur des Vertrauens schaffen

Mittags teilt sich die Gruppe auf das ganze Gelände auf und schwärmt aus. Es wird frisch gekocht. Angeregte Gespräche füllen den Raum. Das Gelände wird erkundet und man hört sie lauthals lachen. Das alles ist Teil dieser lebendigen Unternehmenskultur.

Nachdenkliche Gesichter am Abend, als jeder anhand seiner Skizze erzählt, wie sich seine Situation in der Firma darstellt. Es wird intensiv zugehört, reflektiert, nachgedacht und es werden Fragen gestellt. Jeder hat den Freiraum, um sich bewusst zu werden, wo es für sie oder ihn hingeht."

205

VOLLE TRANSPARENZ
ALS UNTERNEHMER TEILHABE FÖRDERN

Ob sich Mitarbeiter auf allen Ebenen für das Unternehmen engagieren, hängt sehr von den Strukturen ab, in denen die Arbeit organisiert ist. Und von der Kunst der Führungskräfte, loszulassen. Detlef Lohmann liegt beides am Herzen. Der Erfolg gibt ihm recht.

Ein Gespräch mit Detlef Lohmann, geschäftsführender Gesellschafter der allsafe JUNGFALK GmbH & Co. KG

Allsafe JUNGFALK ist ein metallverarbeitender Betrieb in der Nähe von Konstanz. 145 feste Mitarbeiter erwirtschaften hier ohne formale Abteilungsstruktur einen Jahresumsatz von gut 39 Millionen Euro, bei gut 5 Millionen Euro Gewinn vor Steuern. Das Unternehmen ist seit 2001 jedes Jahr im Schnitt um 10 bis 15 Prozent gewachsen. Es ist weltweit seit vielen Jahren Marktführer für Ladegut-Sicherungssysteme.

In unserem Markt dreht sich alles um Verlässlichkeit, Geschwindigkeit und Kosten. Wenn Ladegut beim Transport verrutscht, können enorme Schäden eintreten. Um sich davor zu schützen, verlassen sich Logistikunternehmen von Reedereien und Fuhrunternehmen bis zu Luft- und Raumfahrtkonzernen auf unsere Frachtsicherungsmodule, in aller Welt. Die Vielfalt der jeweiligen Einsatzbedingungen und Gegebenheiten bei unseren Kunden und das Tempo der Branche fordern von uns enorme Flexibilität, Präzision und Einfühlungsvermögen, und das bei hoher Liefergeschwindigkeit und gleichzeitig größtmöglicher Zuverlässigkeit unserer Produkte.

Mit welchen Strukturen können wir das alles besser leisten? Für mich heißt das konkret: Wie kann ich es mir als Unternehmer erleichtern, Kontrolle abzugeben und Selbstständigkeit, Selbststeuerung und Transparenz ernsthaft zuzulassen?

Wesentlich hierfür ist zum einen, einige wenige, aber klare Fortschrittsindikatoren für das ganze Haus festzulegen, bei denen jeder Mitarbeiter weiß, wie er darauf einwirken kann. Und zum anderen geht es darum, ein Menschenbild zu fördern, das davon ausgeht, dass Vor-Ort-Entscheidungen besser sind als zentrale Beschlüsse von oben. Daher setzen wir statt fester Leitungsrollen eher auf Projekte mit „Führung auf Zeit".

ZIEL
Engagement der Mitarbeiter auf allen Ebenen fördern

ZEIT & DAUER
Ab sofort und dauerhaft

ZIELGRUPPE
Mittelstand

SIEHE AUCH
Business Model Canvas, Delegation Poker, Leitplanken

management-y.de/transparenz

DEN KUNDEN ERFORSCHEN
KOLLEKTIV ENTSCHEIDEN
MITEINANDER/VONEINANDER LERNEN

Wenn wir glauben, dass Menschen ihren Job selbstständig erledigen können und befähigt sind, eigenständig daran zu arbeiten – und dann aber meinen, dass ein Abteilungsleiter bessere Entscheidungen treffen könne als der Mitarbeiter, liegt das meiner Meinung nach lediglich an dessen Informationsvorsprung. Diesen Informationsvorsprung der Führungskräfte nivelliere ich bei uns oder kehre ihn sogar um. Denn ich bin davon überzeugt, dass die Mitarbeiter vor Ort ebenso gute – und manchmal sogar bessere – Entscheidungen treffen können als jeder Manager oder jede zentrale Stelle.

DER SCHLÜSSEL IST INFORMATIONSTRANSPARENZ

Eine wesentliche Voraussetzung dafür, dass das gelingt, ist Informationstransparenz. Schon sehr, sehr lange steuern drei Kennzahlen unser gesamtes Unternehmen. Sie beschreiben die Leistungsfähigkeit der Kernprozesse und die jeweiligen Prozessteams hängen sie täglich aktuell im Büroflur und in der Werkshalle an der Kaffeeecke aus:

- *Auftragseingang*: die tägliche Auftragslage
- *Umsatz*: was wir täglich fakturieren
- *Lieferperformance*: Was hätte das Haus verlassen sollen und was ist liegen geblieben?

Wenn jeder Mitarbeiter genau weiß, was er dazu beitragen kann, damit dies gut und reibungslos läuft, brauche ich mir als Unternehmer über das Tagesgeschäft keine Gedanken mehr zu machen.

Mein ursprüngliches Motiv, solche Kennzahlen einzuführen, war gar nicht so hehr, sondern entsprang eher meinem Kontroll- und Informationsbedürfnis: Ich wollte einfach imstande sein, Fortschritte zu erkennen, und dafür Transparenz herstellen. Hierzu hatte ich Mitarbeiter gebeten, Sachstände transparent zu machen – im Grunde um das Unternehmen besser steuern zu können. Dann merkte ich, wie viel sich verändert, wenn ich beginne, loszulassen. Es wächst Vertrauen. Plötzlich beginnen Kollegen, über die früheren Abteilungsgrenzen hinweg das große Ganze zu betrachten. Damit brauchen die

Mitarbeiter an dieser Stelle im Grunde keine Führung mehr. Sie haben selbst im Blick, ob und wie die Dinge sich entwickeln.

VERTRIEBSBONI ABGESCHAFFT, WACHSTUM VERDOPPELT

Entsprechend messen die Kennzahlen nicht die individuelle Performance, sondern das Gemeinschaftsergebnis. Und das nicht in absoluten Zahlen, sondern als Tendenzen; also im Sinne einer Entwicklung, zu der jeder Einzelne beitragen kann. Diese Erkenntnis hat uns beispielsweise auch bei der Vertriebsvergütung zu radikalen Schritten ermutigt. Unser Wachstum im Sales-Bereich hat sich innerhalb weniger Jahre verdoppelt, nachdem wir die Vertriebsboni abgeschafft hatten und die Vertriebsmitarbeiter stattdessen am Gemeinschaftsergebnis teilhaben ließen. Dieser Schritt beflügelte die Zusammenarbeit enorm, denn alle teilen auf einmal ihr Wissen. Inzwischen freuen sich die Regionalvertriebler auf ihre Freitagstelko und tauschen sich dort intensiv aus; das war vorher beileibe nicht immer so.

Alle Kernzahlen der allsafe JUNGFALK GmbH & Co KG werden von den Mitarbeitern täglich in der Werkshalle und im Verwaltungstrakt ausgehängt.

Alle Informationen im Haus transparent fließen zu lassen, das fällt Führungskräften nicht gerade leicht – sei es aus Sorge vor Missbrauch oder weil wir unseren Mitarbeitern nicht zutrauen, heikle Information vernünftig einzuordnen, zum Beispiel mit großen Unternehmensgewinnen und wie das eigene Gehalt dazu im Verhältnis steht. Ich für meinen Teil habe die Erfahrung gemacht, dass die Mitarbeiter die betriebswirtschaftlichen Zusammenhänge – Steuern, Investitionen et cetera – sehr wohl verstehen und dankbar sind, hiervon nicht ausgeschlossen zu werden. Gravierender erscheint mir: So weichen Strukturen auf, Macht verändert sich. Mitarbeiter, die vorher per se Status und Titel hatten, müssen sich neu definieren, um in der Gruppe souverän als Gleicher unter Gleichen mitarbeiten zu können. Solche Veränderungen muss die Firma menschlich auffangen, auch unter Zuhilfenahme professioneller Begleitung, etwa durch Coaching.

Mein Fazit: Wenn es um Information geht, darf der Unternehmer mutiger sein, als er glaubt sein zu dürfen. Wir können unsere Mitarbeiter eigentlich nicht überfordern, sondern wir unterfordern sie in der Regel. Wenn wir ihnen mehr zutrauen, werden wir nicht enttäuscht.

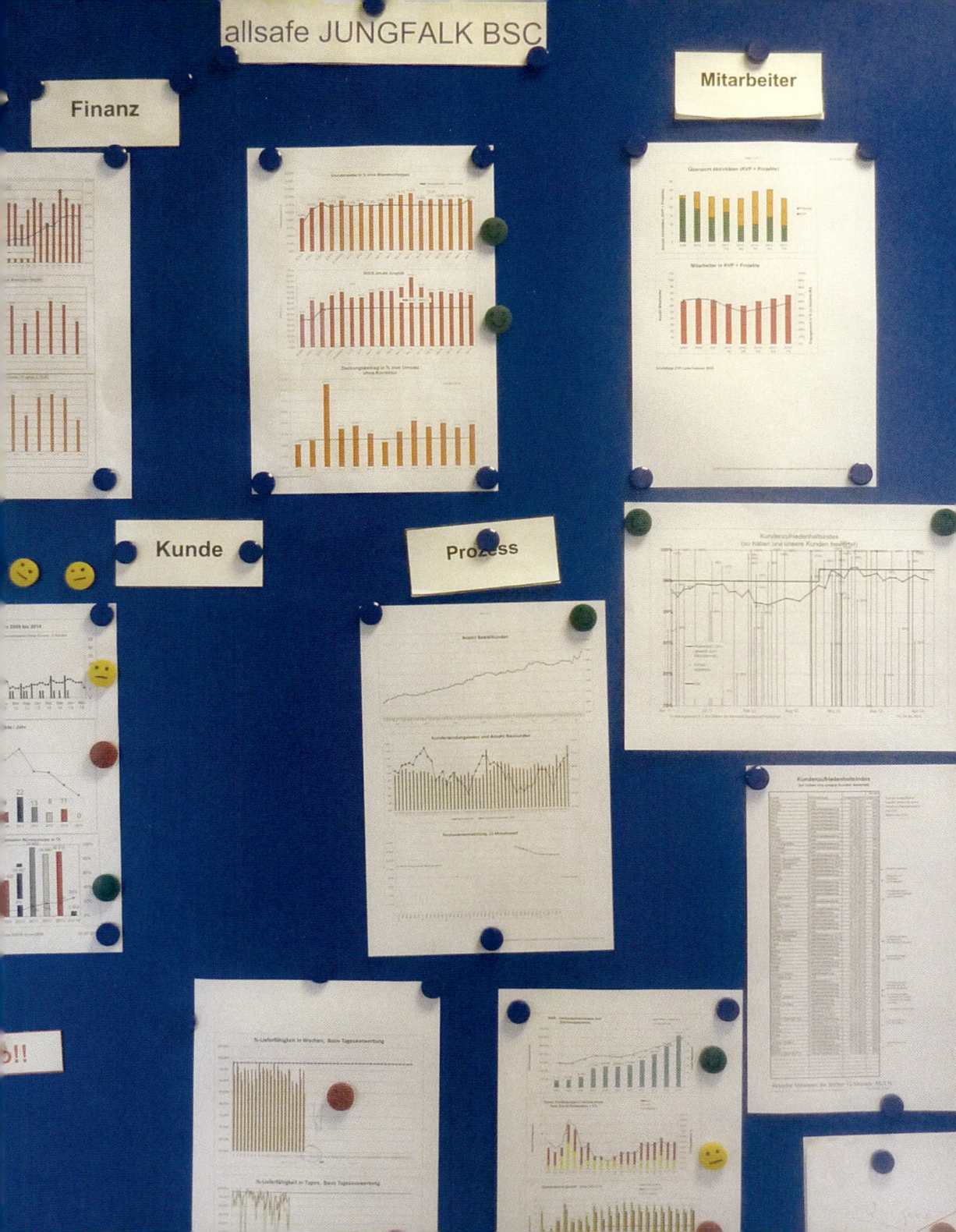

GEMEINSAM
IN BEWEGUNG
BLEIBEN

Über dieses Buch hinaus
den Wandel mitgestalten

MANAGEMENT Y IM WEITEREN KONTEXT

Mehr zu diesem Teil
des Buchs:
management-y.de/
weiter

Management Y lädt zu Perspektivwechseln in der Arbeitswelt ein. Die vorangegangenen drei Teile skizzieren hierzu eine Gesamtschau der im gegenwärtigen Wandel erkennbaren Dynamiken, Zusammenhänge und Muster: Die ersten beiden Teile dieses Buchs verdichten die unterschiedlichen Hintergründe und Strömungen des gegenwärtigen Wandels zu neuen Idealvorstellungen der Arbeitswelt des 21. Jahrhunderts, die sich bereits abzuzeichnen beginnen – sie beschreiben aus unterschiedlichen Blickwinkeln quasi einen „eingeschwungenen Zustand". Der dritte Teil gibt Anregungen, wie wir beginnen können, uns aus unserer jetzigen Situation in solche „Idealzustände" hineinzubewegen und auf den Geschmack zu kommen – zum Beispiel durch gemeinsames Ausprobieren.

In diesem letzten, vierten Teil betrachten wir nun die Grenzen dieses Buchs. Wir fragen: Welche Möglichkeiten bieten sich in verschiedene Richtungen über unsere Blickwinkel hinaus? Welche anderen Geisteshaltungen sind ebenso „Wirklichkeit" wie die im Buch genannten? Welche anderen Themen manifestieren den gegenwärtigen Wandel? Und welche Möglichkeiten der weiteren Orientierung und der Teilhabe bieten sich an?

Leben ist
Vernetzung und
Dynamik

SPIEL, SPASS UND SPANNUNG!

Veränderung soll beflügeln, nicht lähmen – und je ernster die Lage, desto mehr „Beflügelung" brauchen wir. Kultur, Wandel und Authentizität werden gern als ernste Themen angesehen und in der Fachliteratur auch meist ernst dargestellt und vermittelt. Wir sind es nicht anders gewöhnt, wir stehen weniger ernsthaften, womöglich sogar verspielten Formaten vielfach misstrauisch gegenüber – doch aus entwicklungspsychologischer Sicht vertun wir damit eine gewaltige Chance.

Nicht nur Kinder, sondern auch Erwachsene lernen komplexe Inhalte besser und vor allem deutlich dauerhafter, wenn sie über unmittelbares Erleben vermittelt werden und für die Teilnehmer mit Freude und Leichtigkeit verbunden sind. Das hat wenig damit zu tun, dass die Lehrstunden dann angenehmer vorübergehen, sondern vor allem damit, dass die neuen Gedanken und Perspektiven mit positiven Eindrücken verknüpft werden statt mit negativen.

Die Lernforschung kann heute experimentell eindeutig belegen, was Maria Montessori in Bezug auf das Lernen von Kindern schon vor 100 Jahren feststellte. Wenn zum Beispiel ein Grundschulkind mathematische Aufgaben im Kontext von Zwang, Stress und Versagensängsten erlebt, wird es seine eigene Mathematikbegabung im Allgemeinen ganz anders einschätzen als Gleichaltrige, die dieselben Aufgaben in einem Kontext von Neugier, Freude und Zuversicht angehen können. Dieser positive Effekt (wie auch der negative) hält meist ein Leben lang. Dies gilt, wie wir heute wissen, gleichermaßen für andere Fächer und für Kinder ebenso wie für Erwachsene.

Zu den modernen Ansätzen, auch Erwachsenen in beruflichen Kontexten positive Lern- und Weiterentwicklungserfahrungen zu bieten, gehören unter anderem die im Folgenden skizzierten Themen. Abseits der klassischen „Change"-Lehren eröffnet jedes Thema eine eigene Welt, in der es uns leichtfällt, Perspektiven zu wechseln und versuchsweise neue Haltungen einzunehmen. Einige von ihnen vertiefen wir im vorangegangenen Teil „… und 24 Möglichkeiten, jetzt zu handeln", andere auf unserer Webseite.

Strategien bauen: Wer Zusammenhänge buchstäblich formt und „begreift", aktiviert dabei wesentlich mehr Hirnregionen, als wenn er dieselben Inhalte nur liest oder hört.

EINFACH MACHEN, SELBER BAUEN

Noch wirksamer als gute Geschichten verankern sich Erlebnisse im Gehirn, die mit eigenem Handeln verbunden sind – vor allem in Gemeinschaft. Wer Zusammenhänge buchstäblich formt und „be-greift", aktiviert dabei wesentlich mehr Hirnregionen, als wenn er dieselben Inhalte nur liest oder hört. Auch dies hat Maria Montessori bereits mit ihren bewährten Lernspielzeugen für Kinder erforscht und unter Beweis gestellt.

Moderne Pendants für die Wirtschaftswelt sind Arbeitsgruppen, die in Maker Labs oder am Schreibtisch Situationsanalysen und Projektpläne mit Holz, Pappe oder Lego „bauen": Sie legen so für sich und für den gemeinschaftlichen Diskurs zu den im Raum stehenden Fragen viel breitbandigere Kommunikationskanäle als bei dem Versuch, via Aktennotiz und Aktenwagen gemeinschaft-

Mehr zum Thema Machen & Bauen: management-y.de/ maker

lich Erkenntnisse zu gewinnen. Oft braucht es anfangs eine gute Moderation, bis das Eis bricht und innere Vorbehalte überwunden werden. Die entstehende Dynamik und die Klarheit, die gerade in Gemeinschaft zügig entsteht, übertreffen dann jedoch schnell die Erwartungen, gerade bei wiederholter Teilnahme.

STORYTELLING

Storytelling ist ein didaktischer Ansatz, anderen Menschen komplexe Inhalte anhand erlebnisorientierter Geschichten zu vermitteln, statt sie wissenschaftlich abstrahiert und unpersönlich zu beschreiben. Die „Story" folgt meist einem bestimmten Aufbau, etwa diesem: Die Krise – Der Aufbruch – Die Herausforderung – Deren Überwindung – Die Erkenntnis – Das gute Ende.

Mehr zum Thema Storytelling: management-y.de/ storytelling

Menschen verinnerlichen ein auf diese Weise erlebtes Heldenepos um ein Vielfaches intensiver, als wenn dieselbe Erkenntnis als abstrakte Erkenntnis, also trocken vermittelt wird. Geläufige Beispiele sind Case-Studys, Blogbeiträge, Biografien, aber auch das aufkommende Genre der Business-Romane. Tatsächlich stellt sich ein besseres Lernergebnis selbst dann ein, wenn die Handlung nicht tatsachengetreu, sondern fiktiv ist (Roman), sofern die handelnden Figuren glaubwürdig agieren und man deren Erleben als Leser intensiv nachempfinden kann.

WERTSCHÄTZENDE KOMMUNIKATION

Seit den 1960er-Jahren arbeitet Marshall B. Rosenberg erfolgreich an praktischen Ansätzen, Konflikte friedvoll zu überwinden – von der Rassentrennung an amerikanischen Schulen und Institutionen bis hin zu Dutzenden von Friedensdiensten in Krisengebieten. Sein Modell der *gewaltfreien Kommunikation* (GFK) basiert auf einer Gesprächsführung, die sein Lehrer, der berühmte Psychotherapeut Carl Rogers, entwickelte. Ein wesentliches Element ist dabei, „trennende" (unterordnende) und „verbindende" (empathische) Kommunikation zu unterscheiden. GFK wird heute in immer mehr Schulen und Unterneh-

Mehr zum Thema gewaltfreie Kommunikation: management-y.de/ gfk

men gefördert, um den Aufbau wertschätzender Beziehungen und die Lösung von Konflikten systematisch zu erleichtern.

IMPROVISATIONSTHEATER, MUSIK UND BEWEGUNG

Mehr zum Thema:
management-y.de/
impro

Geht es bei „Selber bauen" und Storytelling vorrangig um gemeinschaftliche Perspektivwechsel und Erkenntnisgewinne, eröffnen Musik, Bewegung und Improvisationstheater eine weitere Dimension: *Verbundenheit erleben* und mitzugestalten. Wer mit anderen musiziert, kennt die Magie des Moments, wenn man als Band gemeinsam ins Stück einsetzt oder als Chor gemeinsam Luft holt und den ersten Ton anstimmt. Oder den Augenblick der Stille nach einem gelungenen Konzert oder Theaterstück, bevor der Beifall beginnt; der Moment, wenn alle gebannt den Atem anhalten. Die Magie liegt in dieser enormen gemeinsamen Aufmerksamkeit, in dieser Empathie, in diesem stillen, gemeinsamen Erleben des Augenblicks.

Ob durch Musik oder auf anderem Wege, etwa im Sport oder in der freien Natur: Jeder von uns ist imstande und geradezu darauf programmiert, diese stark gebündelte Empathie und „kollektive" Aufmerksamkeit zu spüren und dazu beizutragen – wenn er sich darauf einlässt. Gegenseitige Empathie in der Gruppe kann man für sich weiterentwickeln und regelrecht trainieren. Gerade aus dem Improvisationstheater gibt es zahlreiche Übungen zur Einstimmung, ähnlich dem Einsingen im Chor, um sich vor dem Auftritt aufeinander einzuschwingen und die Aufmerksamkeit und Konzentration auf das Miteinander immer weiter zu erhöhen. Denn Impro-Theater ist echte Teamarbeit, spätestens wenn man gemeinsam auf der Bühne steht und vor Publikum live und spontan unterhaltsame Dialoge entwickelt – das ist pure Kreativität. Und sie lebt von höchster gegenseitiger Aufmerksamkeit und Vertrauen. Eigennutz, Dominanz, Angst oder Spannungen machen auf offener Bühne den Zauber sofort kaputt – deshalb tun Impro-Gruppen alles dafür, ihre gegenseitige Empathie zu stärken. „Normale" Arbeitsgruppen können sich hiervon so manches abschauen.

DIE KRAFT DER ÄSTHETIK

Design ist mehr als Dekoration oder Selbstzweck: Design ist ein Medium, quasi ein Kommunikationskanal zwischen Urheber und Nutzer – ein Transportvehikel, um eine Haltung, einen bestimmten Geist, einen „Spirit" zu verbreiten und zu teilen. Denn jeder Aspekt des Gestalteten spiegelt diesen Spirit, also die Wertvorstellungen und Haltungen wider, aus denen heraus das Design entstanden ist: bescheiden, pompös, klar, vernebelt, natürlich, korrekt, exzentrisch … Man kann wohl, frei nach Paul Watzlawick, nicht *nicht* designen.

Wenn der Spirit nicht authentisch, nicht stimmig ist, spürt man dies im Design. Sicher spielt in diesem Wirkungsgefüge auch kulturelle Prägung eine Rolle, aber Design scheint innerhalb dieser kulturellen Prägung eine Art universelle Sprache zu sein, die Spirit überträgt und damit nicht zuletzt Zugehörigkeit und Wir-Gefühl vermittelt. Man muss nicht nur an die stark über Design vermittelte, gemeinschaftsstiftende Popularität neuzeitlicher Produkte etwa von Braun, Saab und Apple denken. Auch Typografie kann eine sehr deutliche Sprache sprechen, wie etwa die strenge Ikonografie der Bahnhofsuhr oder die Stadtwappen und Ständesiegel des Mittelalters – und natürlich Mode, zu allen Zeiten, von Ständetrachten bis zum modernen Dresscode.

Häufig neigen wir gerade bei Industrieprodukten und oft auch bei der Büromöblierung dazu, die Form der Funktion unterzuordnen – doch auch „nicht designt" ist designt, denn es ist ein eindeutiger Ausdruck der zugrunde liegenden Haltungen. Ein Zuviel an Design kommt ebenso vor und kann sich anfühlen wie ein zu lauter Ort, wie wenn jemand „zu viel gewollt" hat, oder wie babylonisches Sprachenwirrwarr. Gerade in der Gestaltung der Arbeitsräume zeigt sich sofort der Spirit, der dort herrscht: Wer gibt den Ton an bei der Gestaltung des Arbeitsumfelds? Steht Repräsentation im Vordergrund? Oder eher die Individuen der Mitarbeiter? Oder eher Kontrolle? Gleichheit? Entfaltung? Wird Klarheit angestrebt? Flexibilität? Verbundenheit? Experimentierfreude? Unverbindlichkeit? Verlässlichkeit? Absolute Perfektion? Menschlichkeit? Und so fort … Menschen haben die bemerkenswerte Fähigkeit, zu all diesen Fragen beim ersten Betreten eines Gebäudes in Sekundenbruchteilen „Witterung aufzunehmen" – intuitiv und instinktiv.

Perfekte Ästhetik wirkt oft leblos und kalt, in der Authentizität des Natürlichen, Organischen, Gewachsenen hingegen liegt meist ein Vielfaches an Bindungskraft. Wir wollen dem gestalteten Objekt oder Raum ansehen können, mit welcher Intention er entstanden ist: Was für ein Geist war hier am Werk?

Alles Gekünstelte, Geglättete, „Gefakte" (neudeutsch/engl. „faken", heucheln) steht uns im Weg, die Intention zu erkennen, mit der ein Produkt entstanden ist. Manchmal beruhigt uns dies, meist eher nicht. Im Endeffekt treten wir geradezu in Resonanz mit dem Anbieter und fragen uns: Möchte ich mich mit diesem Produkt und seinem Anbieter verbinden?

Zum Thema Schwarmintelligenz siehe auch „Mehr Menschlichkeit im Management!"

Erst Klarheit ermöglicht uns, mit anderen in Resonanz zu gehen: Kann ich die Signale deuten? Verheißen sie Gutes? Aus Klarheit erwächst Respekt, aus Respekt Vertrauen, aus Vertrauen Bindung – und aus der Summe der Bindungen ein „kollektives Empfinden": Schwarmintelligenz, unterstützt durch Design.

SPIRITUALITÄT

Spiritualität – der eigene Zugang zu Grundfragen der Existenz – war über die gesamte Menschheitsgeschichte hinweg ein zentrales Element unseres Daseins und unserer Kultur und ist heute wohl eines der bemerkenswertesten Tabuthemen der Arbeitswelt. Man meint fast, wir hätten alle diese Grundfragen überwunden, etwa: was das Menschsein für uns persönlich ausmacht; was wir uns vom Leben erhoffen; ob wir glauben, dass etwas die Welt zusammenhält; welche Bedeutung der Tod für uns hat oder eine Geburt; welche Rolle Moral für uns spielt und ob Ethik für uns dasselbe ist. Gibt es universelle Lebensgrundsätze oder ist all das nur „Mode"? Welche Rolle spielen Menschen als Spezies in der Schöpfung – sind wir berechtigt dazu, alles auszubeuten, oder dazu da, um der Schöpfung zu dienen? Welches Geschenk wollen wir mit unserem Leben für uns selbst sein und für die Welt? Worauf möchten wir einmal stolz sein, wenn wir eines Tages auf unser Leben zurückblicken? Welchen Sinn geben wir unserem Leben?

Hand aufs Herz: Wann haben Sie sich zuletzt über Spiritualität mit einem Kollegen unterhalten? Haben sie es überhaupt schon einmal getan? Haben Sie sich mit irgendeinem Menschen über derlei Themen unterhalten? Tiefe Fragen wie diese kommen in vielen Führungstrainings und Coaching-Gesprächen auf – und oft auch, wenn wir eine Geburt oder den Tod miterleben. Es sind Grundfragen, die wir allzu gern ausblenden. Dennoch berührt es uns, wenn jemand, den wir schätzen, uns bei einer solchen Frage ins Vertrauen zieht und uns an seinen Gedanken teilhaben lässt oder sogar den Mut hat, sie in aller Öffentlichkeit auszusprechen.

Wir könnten die Auseinandersetzung mit spirituellen Fragen täglich für uns kultivieren und uns von ihnen leiten lassen – mehr und mehr Menschen tun dies heutzutage. Sie entdecken Achtsamkeit und Meditation für sich und es scheint in unserer stark rationalitätsbetonten Gesellschaft derzeit geradezu eine Renaissance des Transzendenten zu geben. Seit der menschlichen Vorzeit bilden spirituelle Fragen starke Quellen der Orientierung und der Lebensenergie. Unser Leben gewinnt an Authentizität und damit an Resonanz mit anderen, wenn wir mithilfe dieser Fragen zu uns und unserer Verbundenheit mit dem Leben finden.

LIEBE

„Spiritualität" mag als Konversationsthema im beruflichen Kontext derzeit ein Stück weit salonfähig geworden sein, und sei es nur über Joga oder die allgegenwärtige Wellness-Schiene. Liebe ist dies nicht: Liebe im beruflichen Kontext ist womöglich ein noch härteres Tabu als Spiritualität, es sei denn als flottes Lippenbekenntnis.

Gemeint ist hier nicht der *Casual Fling* unter Kollegen oder die Exzesse der einen oder anderen Weihnachtsfeier, sondern eher Liebe zum Kunden, zum Produkt, zum Chef, zum Standort, zur Welt. Amerikanern geht „We manufacture with love" viel leichter über die Lippen als uns. Das Altgriechische kannte für „Liebe" gleich eine Reihe unterschiedlicher Worte, was eine intensivere kulturelle Auseinandersetzung seinerzeit vermuten lässt: Agape (bedingungs-

Wenn Oma dem Enkel **mit Liebe** einen Pulli strickt:

Was hindert uns daran, genauso **unseren Kunden** zu **dienen**?

lose Güte; *schenken*), Eros (leidenschaftliches Begehren; *verlangen*), Philia (beiderseitige Freundschaft; *teilen*); Storge (elterliche Zuneigung; *schützen*); Boule (Absicht; *wollen*) und Thelema (Hingabe für die Bestimmung; *einverstanden sein*) – in Klammern jeweils eine deutschsprachige Interpretation, die man synonym für „lieben" in den unterschiedlichen Intentionen verwenden könnte.

Es liegt ein Geschenk darin, über Liebe im Wirtschaftskontext nachzudenken, so paradox dies klingen mag:

- Wenn Oma dem Enkel mit Liebe einen Pulli strickt (Agape): Was hindert uns daran, genauso unseren Kunden zu dienen?
- Wenn Anhänger der Paleo-Food-Bewegung uns leidenschaftlich steinzeitliche Ernährungsweisen nahelegen (Eros): Was hindert uns daran, mit gleicher Leidenschaft Unterstützer für unsere Firma zu gewinnen?
- Wenn ein Ruderer-Achter sich in stummer Achtsamkeit seiner Bewegung hingibt (Thelema): Was hindert uns, uns zu fügen und den gemeinschaftlichen Mehrwert daraus zu genießen?

Das Schöne ist ja: Diese Formen von Liebe stecken an. Und sie erfüllen uns mit Stolz. In Berlin sieht man immer häufiger kleine Schilder: „Made with love in Berlin". Vielleicht schwang gerade in der Außenwahrnehmung bei „made in Germany" einst einmal Ähnliches mit. Wir können jederzeit mit der Liebe beginnen.

PLAY AND BODY:
WARUM DIESES BUCH UND KEIN TANZKURS?

Diese Zugänge zu Erkenntnis, Verbundenheit und Wandel mögen Ihnen vielleicht eher fremd und wirklichkeitsfern erscheinen. Doch diese Einschätzung wandelt sich, wenn man sich vor Augen führt, für welche Art von Umwelt unsere mentalen Kapazitäten biologisch optimiert sind, nämlich für Frühmenschen. Erzählungen, Spiel, Tanz, Rituale, Kunstobjekte, Spiritualität – aus dieser Perspektive könnte man die Themen dieses Abschnitts auch als hocheffiziente Kommunikationstechniken ansehen, für die unsere Sinne und mentalen Pro-

Mehr zum Thema Play and Body: management-y.de/ play-and-body

zesse wesentlich besser ausgelegt sind als für Buchdruck und PowerPoint-Präsentationen.

Warum dann dieses Buch und kein Tanzkurs? Besser gestellt müsste die Frage lauten: Warum den Kulturwandel der Arbeitswelt nicht mit einem Tanzkurs beginnen?

Sir Ken Robinson, britischer Autor und Berater in der Gesellschafts-entwicklung (Innovation und Humanressourcen)

> ... they live in their heads, they live up there, and slightly to one side. They're disembodied. They look upon their bodies as a form of transport for their heads, don't they? It's a way of getting their head to meetings.

Der von der britischen Queen 2003 für seine Verdienste geadelte Bildungs-forscher Ken Robinson, dessen Vorträge auf populären Video-Plattformen wie TED und RSA Animates ein Millionenpublikum begeistern, bringt es auf den Punkt: Das Thema „Veränderung der Arbeitswelt" wäre nicht komplett, wenn wir nicht berücksichtigen, was abgesehen vom Kopf noch zu uns gehört. Schließlich bilden Körper, Geist und Seele eine Einheit. In unseren Büros scheint diese schlichte Wahrheit auf die Arbeitsplatzergonomie reduziert zu sein, auf Fragen wie Tischhöhe und Bildschirmabstand. Wir fokussieren die Gestaltung unserer Arbeitsbedingungen hauptsächlich auf den Geist, genauer: die Ratio und den Verstand. Wir sitzen und denken. Und denken und sitzen. Und sitzen und denken. Und ignorieren den Körper. Ist das gesund?

Nun, jeder Trend hat seine Gegenbewegung, ergo gibt es seit einigen Jahren einen regelrechten Fitness-Trend: Kaum ein dynamischer Manager, der heutzutage nicht nebenbei Marathon läuft und dafür morgens ab 5 Uhr regelmäßig trainiert.

Zum Taylorismus siehe auch „Mehr Menschlichkeit im Management!"

Dies ist aber eher eine Verstärkung des Optimierungsprinzips, wenn nicht des Taylorismus: Wir haben die Erholung aus der Arbeit wegrationalisiert und Leistung über alles gesetzt. Nun übertragen wir das gleiche Prinzip auf den Körper. Dafür gehen wir nicht am Sonntag spazieren, nein, wir trainieren für den New-York-Marathon. Wir fahren nicht mit Freunden Fahrrad im Grünen, nein, es muss schon der Triathlon sein. Wir meditieren nicht, weil es uns gut-tut, sondern um unseren Fokus zu schärfen. Wir optimieren unseren Körper, damit der Geist noch besser funktioniert. Die Leistungsgesellschaft ist bei der Optimierung des Körpers angekommen. Damit wir länger, leistungsfähiger und möglichst ohne Ausfälle in der Arbeitswelt funktionieren.

Dabei macht es einen erheblichen Unterschied, ob man Lust auf körperliche Betätigung hat und eine Sportart findet, die einen begeistert, oder ob man den eigenen Leistungswillen dazu benutzt, sich körperlich zu optimieren. Natürlich spricht nichts dagegen, sportlichen Ehrgeiz zu entwickeln. Doch der derzeitige Trend lässt andere Hintergründe erahnen: Wir trainieren unseren Körper, weil wir „gelernt" haben, dass wir dann auch im Kopf leistungsfähiger sind. Dieser „Um-zu"-Utilitarismus birgt die Gefahr, Körpersignale noch stärker zu vernachlässigen als bisher. Wir trainieren schließlich für den guten Zweck der Selbstoptimierung. Und wenn unser Stress deshalb noch mehr plagt, drückt unser Masseur angenehm an den Symptomen herum – seit der New Economy zuweilen sogar noch auf Firmenkosten.

Die spannenden Fragen aber lauten doch: Unter welchen Bedingungen können wir besonders klar denken? Wann fühlen wir uns gut? Wann haben wir gute Ideen? Welche Voraussetzungen ermöglichen uns neue Perspektiven? Die meisten Menschen haben ihre besten Ideen nicht, wenn sie stundenlang starr vor dem Rechner sitzen. Schon Aristoteles zog es vor, seine Gedanken beim Gehen zu finden und zu äußern. Wir benötigen mehr Fantasie und Mut, um auch während der Arbeitszeit mehr mit unserem Körper in Kontakt zu stehen.

Hiermit sind weder esoterische Übungen noch plumpe Drill- oder Brüllkurse gemeint; ein Einstieg in eine größere Verbundenheit von Geist und Körper geht auch ganz einfach, mit Bordmitteln:

- Verbinden Sie Brainstormings mit einem gemeinsamen Spaziergang.
- Gönnen Sie sich nach einer erledigten Aufgabe eine Pause und verlassen Sie den Schreibtisch für einige Minuten.
- Räumen Sie die Stühle an die Seite und machen Sie ein Meeting im Stehen. Beginnen Sie es mit einer kurzen Aufwärmübung, bei der die Teilnehmer sich berühren.

Einfache, aber wirksame Aufwärmübungen für Meetings:
management-y.de/warm-ups

- Trinken Sie jeden Tag drei Liter Wasser. Manche Unternehmen ermutigen ihre Mitarbeiter ausdrücklich, private Wasserflaschen in Meetings mitzunehmen.
- Beobachten Sie Ihre Atmung und erlernen Sie, körperliche Spannungen über Ihre Atmung positiv zu beeinflussen.
- Besuchen Sie eins der zahlreichen Angebote für Feldenkrais oder Grinberg in Ihrer Stadt. Diese sehr durchdachten und fundierten körperpädagogischen Übungen sind nach ihren Begründern benannt und helfen, die eigene Körperwahrnehmung zu stärken, Schmerzen zu reduzieren und natürliche Bewegungsabläufe, unsere Atmung und generell unsere Beweglichkeit zu verbessern. Moshé Feldenkrais etwa, auf dessen Namen die gleichnamige Lernmethode zurückgeht, war promovierter Physiker und arbeitete unter anderem mit Kanō Jigorō, dem Begründer des Judo, David Ben-Gurion, dem ersten Premierminister Israels, und dem berühmten Geiger Yehudi Menuhin.
- Erlernen Sie eine asiatische Kampfkunst wie Judo oder Aikido und lassen Sie sich durch Prinzipien wie „Siegen durch Nachgeben" oder „mit der Kraft des anderen arbeiten" im Privatleben wie im Beruf zu neuen Haltungen inspirieren.
- Initiieren Sie private Gruppen für Yoga, Tanz, Judo, Aikido oder Feldenkrais in Ihrer Wohnung oder einem geeigneten Raum und gewinnen Sie auf diese Weise spielerisch ganz neue Zugänge zu sich selbst wie zu Freunden und Kollegen.

Diese Liste ließe sich lang fortsetzen. All diese Anregungen geben einen leichten Einstieg – nicht nur für größeres körperliches Wohlbefinden, sondern gemäß dem alten lateinischen Sprichwort „Gesunder Geist in einem gesunden Körper" auch für größere Klarheit und Beweglichkeit im Leben und im Denken.

UNSERE SICHT IST NUR EINE VON VIELEN

Was für Menschen wollen wir sein und in was für einer Welt wollen wir leben? Das sind in der heutigen Umbruchzeit die entscheidenden Fragen. Jedoch gibt es hier kein Richtig oder Falsch. Wir erleben unsere Situation und die der Firma nicht alle gleich. Im Gegenteil: Jeder hat einen unterschiedlichen Blickwinkel, unterschiedliche Herausforderungen, unterschiedliche Herangehensweisen an Komplexität, unterschiedliche persönliche „Erfolgsrezepte" – und jeder gibt aus seiner Perspektive das Beste, das ihm gerade möglich ist.

Wir geben in jedem Moment das Beste, das uns gerade möglich ist: Vielleicht wüssten wir etwas Besseres zu geben, aber sehen gerade keine Möglichkeit dazu. Vielleicht sieht ein anderer aus seiner Perspektive eine Möglichkeit dazu, aber aus unserer Sicht stellt es sich anders dar. Vielleicht ist das, was wir tun, nur aus unserer Sicht das Beste, und ein anderer hat, aus seiner Warte betrachtet, eine andere Einschätzung. Vielleicht hätte ein anderer aus unserer Sicht anders gehandelt, aber er hatte nicht unsere Sicht – und handeln mussten *wir*, nicht er. Jeder hat aus seiner Sicht die „richtige" Haltung: Denn jede Haltung ist das Ergebnis einer optimalen Anpassung an die wahrgenommene Situation aus der Perspektive der persönlichen Erfahrung.

Wer wollte angesichts dieser Vielfalt von Perspektiven, Handlungsmöglichkeiten, Haltungen und Einschätzungen behaupten, dass er „Recht" habe? Nun, es verlockt uns immer wieder, das Handeln anderer zu beurteilen; und bezogen auf einen gegebenen Zweck gibt es durchaus Unterschiede in der Frage, wie *geeignet* eine bestimmte Handlung dafür ist, den Zweck zu erreichen. Doch die Beurteilung der *Eignung für einen Zweck* setzt Erfahrung voraus sowie die Fähigkeit, Ergebnisse von Handlungen mit Gewissheit zu antizipieren. Gerade im Kontext von Wandel und Veränderung sind solche Erfahrungen nicht leicht zu haben – viel schwerer jedenfalls, als wenn es darum geht, Bestehendes zu bewahren.

Auch beim persönlichen Menschenbild, das jeden von uns geprägt hat und das jeder täglich neu für sich prägt, gibt es kein Richtig oder Falsch – gerade im Wandel.

Es lohnt sich für alle „Pioniere" und Freunde radikaler Veränderungen, sich zu vergegenwärtigen, dass wir bei Aufgaben, bei denen es auf höchste Zuverlässigkeit ankommt, durchaus zu schätzen wissen, wenn die handelnden Akteure in der Spur bleiben und genauestens ihre Vorgaben einhalten: Ein experimentierfreudiger Linienflugzeug-Pilot begeistert uns genauso wenig wie der Lieferant, der wichtige Teile liefert, wann er will – oder ein Herz, das mal schlägt und mal nicht.

Zum Thema Siedler und Pioniere siehe auch „Mehr Menschlichkeit im Management!"

Auch wer als „Pionier" geboren wurde, findet möglicherweise in einer von „Siedlern" geprägten Umgebung seine Nischen, in denen er sein Potenzial ausleben kann: Legendär ist das Beispiel des Vereinspräsidenten des Fussballclubs SC Freiburg, Achim Stocker, der lange hauptberuflich in der Finanzverwaltung tätig war und den Bundesligaverein neben der Arbeit in seiner Freizeit leitete.

Selbst wenn jeder Mensch genetisch als Steinzeit-Pionier geboren sein sollte, so braucht eine arbeitsteilige Gesellschaft nichtsdestotrotz starke Organe von großer Stabilität und Zuverlässigkeit, die wie Siedler gewissenhaft ihre Aufgabe erfüllen, den Status quo festigen und verteidigen. Jeder Baum lebt davon, dass sein Stamm nach der Pionierleistung seiner Sämlingszeit genug Festigkeit ausprägt, um seine Krone zu tragen. Das Pionierdasein ist dann vorbei: Manchmal sieht man an Böschungen einen Baum mit Knick, der offenbar einmal einen Hangrutsch auszugleichen hatte; einen älteren Baum hätte es wohl umgeworfen. Ohne Organe, die Stabilität geben, wäre weder der Baum noch unsere Gesellschaft denkbar.

Trägt der Vergleich mit dem Baum, wenn wir den Wandel von Organisationen betrachten? Zu Ende gedacht würde dies bedeuten, irgendwann sei ein Wandel in Organisationen nicht mehr möglich, da ihm zu viele stabilisierende Strukturen entgegenstehen. Andererseits besteht die Stabilität einer Organisation, anders als beim Baum, im Wesentlichen in den vielen Tausend Vereinbarungen, die ihre Mitglieder untereinander und mit der Außenwelt geschlossen haben – diese sind prinzipiell verhandelbar und könnten den Wandel und damit die Zukunftsfähigkeit der Organisation ermöglichen.

Viele glückliche Erfolgsbeispiele solch „weicher" Großtransformationen gibt es nicht; eher stechen uns die vielen problematischen Beispiele ins Auge, von

AEG und Agfa bis Kodak und Karstadt. In der Tat gibt es nur wenige Unternehmen, die älter sind als drei Generationen. Eine ausgeprägte Bereitschaft, in immer neuen Kontexten zu reüssieren, dürfte bei den meisten von ihnen Teil des Selbstverständnisses sein. Wie das Unternehmen Nokia, das vom Gummistiefel-Hersteller zum Handymarktführer wurde – und nun seine gesamte Handysparte an Microsoft verkauft. Oder etwa Procter & Gamble, das in 175 Jahren mehrfach die Marketingwelt auf den Kopf stellte und sich auch intern immer wieder völlig neu aufgestellt hat – ohne dabei auf das Spiel von Kündigungs- und Neueinstellungswellen zurückgreifen zu können: Seit der Gründung wurde keine Führungskraft als Quereinsteiger eingestellt; entsprechend angewiesen ist P&G auf die fortlaufende Weiterqualifikation und den Veränderungswillen der heute 127.000 Mitarbeiter auf allen Ebenen und Funktionen („Rekrutierung aus den eigenen Reihen", mit Ausnahme einiger weniger Spezialisten wie Chemiker und Anwälte).

Veränderungsbereitschaft und Stabilität müssen sich also nicht ausschließen, sondern sind in der langfristigen Perspektive wohl eher zwei Seiten derselben Medaille, denn ein Überleben auf Dauer braucht in einer veränderlichen Umwelt beides. Die Fähigkeit, andere Perspektiven einzunehmen und aus diesem anderen Blickwinkel hinzuzulernen, ist dabei nützlicher, als die Welt nur aus der eigenen Perspektive heraus zu perfektionieren.

WANDEL BEGINNT IM DIALOG

Wie so oft ist also das rechte Maß das Entscheidende, und welches in einer gegebenen Situation tatsächlich das rechte Maß ist, können wir aus einer einzigen Perspektive heraus nur schwer erkennen. Viel leichter fällt dies im Austausch mit Andersdenkenden – im Idealfall mit der Perspektivenvielfalt der gesamten Belegschaft. Das mag auf den ersten Blick ineffizient erscheinen, aber ist es wirklich effizienter, wenn eine kleine hoch bezahlte Spitzengruppe die reale Perspektivenvielfalt der Mitarbeiter zu verkörpern versucht? Konstruktiver ist doch im Zweifel, einen solchen unternehmensweiten Austausch dergestalt stattfinden zu lassen, dass das Tagesgeschäft eher davon profitiert

Wieviel Wandel verträgt eine Organisation? Flexible Bäume können nach einem Hangrutsch die Richtung ändern. Doch wenn sie eine große Krone tragen, brauchen sie Organe, die mehr Stabilität geben. Einen Hangrutsch überstehen sie dann nur selten.

als beeinträchtigt zu werden. Hierzu gibt es verschiedene Ansätze. Unter dem Begriff „Art of Hosting" ist mittlerweile geradezu eine Bewegung entstanden, die sich der Frage annimmt: Wie führen große Gruppen Gespräche mit größtmöglichem Ergebnis? Heute bringen derartig weitgehend selbstorganisierende Großgruppenmoderationsverfahren mit Tausenden von Teilnehmern ganze Welten in Austausch: Gerade World Café und Open Space gehören in vielen Organisationen von der NASA bis zum Davoser Wirtschaftsgipfel und zunehmend auch bei Konzernen und Konferenzen zum unverzichtbaren Repertoire und verdrängen die klassischen, eher vorausgeplanten und agendagetriebenen Begegnungsformate.

Bei Open Space und World Café erörtern die Teilnehmer in Kleingruppen spezifische Fragestellungen, die bei Open Space von den Teilnehmern zuvor selbst vorgeschlagen werden. Das Blueboard lenkt den Fokus der Teilnehmer auf ihre Möglichkeit, persönliche Beiträge zu leisten und konkrete Initiativen zu starten und zu unterstützen. Ein Fishbowl lässt bedeutsame Dialoge gänzlich von selbst entstehen; das hierarchiefreie Setting führt oft zu berührender Offenheit. Vier Stühle stehen dabei „Knie an Knie" mitten im Raum, von Stuhlkreisen umgeben. Der Dialog findet dort mit ganz einfachen Regeln von selbst zu den Themen mit hoher Relevanz, da immer nur die Menschen aktiv mitdiskutieren, die zum Thema gerade am meisten beizutragen haben.

Die große Kraft dieser offenen Formate liegt darin, einen Rahmen zu schaffen, in dem die Teilnehmer sich frei begegnen und konstruktiv ihre Perspektiven austauschen können. Den Anfang machen daher häufig öffnende Sequenzen, die die persönliche Ebene der Teilnehmer berühren und die Verbundenheit stärken. Unter dem Strich sind es immer wieder die Elemente Vertrauen, Augenhöhe, Wertschätzung, Loslassen und Selbstorganisation, die gegenüber den klassischen, weit mehr auf Kontrolle und hierarchischen Vorgaben basierenden Dialogformaten einen erheblichen Unterschied machen, sowohl was die Qualität als auch was die Geschwindigkeit der Ergebnisfindung anbelangt. Strukturierte Dialogformate können mit geringem Aufwand die Qualität der Zusammenarbeit erheblich verbessern, sowohl unternehmensintern als auch -übergreifend, etwa zur Verständigung mit Partnern und Stakeholdern der Or-

Zu den Themen Art of Hosting und Open Space siehe auch „Art of Hosting – Gemeinsame Zeit besser nutzen" und „Open Space - eine Agenda entsteht von selbst"

Mehr zum Thema World Café:
management-y.de/world-cafe

Zum Thema Blueboard siehe auch „Blueboard – Die besten Ideen setzen sich durch"

Mehr zum Thema Fishbowl:
management-y.de/fishbowl

Beim Fishbowl entstehen bedeutsame Dialoge von selbst. ▶

ganisation. So entstehen auf bewährte Weise offene Plattformen für Mitarbeiter, um die Erfahrungen und Impulse aus diesem Buch an Kollegen weiterzugeben.

HERAUSFORDERUNGEN MIT FREMDEN BESPRECHEN

Vor Herausforderungen zu stehen hat heute meist kein gutes Image: Da hat jemand seine Themen nicht im Griff, denkt sich mancher; warum stellt der sich so an; das kann doch nicht so schwer sein; warum bekommt der das nicht hin; geht das nicht schneller? In einer Welt reibungsloser Perfektion feiern wir gern den, der problemlos durchs Leben zu segeln scheint, und machen dem Stolpernden Vorwürfe. Entsprechend neigen wir dazu, zu verdrängen und in uns „hineinzufressen", was uns schwerfällt und belastet. Wir möchten den Makel für uns behalten und lassen bestenfalls ein gutes Buch oder im schlimmsten Fällen einen verschwiegenen Freund oder Coach an uns heran.

Doch selten ist der Freund, das Buch oder der Coach bei beruflichen Herausforderungen mit dem Sachverhalt vertraut. Wer etwa einen Produktionsbereich oder komplexe IT-Projekte leitet oder dort arbeitet, kann nicht erwarten, dass Außenstehende mit Kürzeln wie KVP oder QA etwas anfangen können. Freunde mögen uns als Mensch gut kennen oder kennenlernen – das ist oft die Hauptsache – und sie können helfen, unsere Augen für andere Perspektiven, Haltungen und Verhaltensmöglichkeiten zu öffnen. Doch spätestens wenn es darangeht, auf Grundlage solcher Erörterungen konkrete Handlungsoptionen und Herangehensweisen zu entwickeln, um ein spezifisches Problem anzugehen, stoßen wir mit Ratgebern, die mit der Materie wenig vertraut sind, oft an Grenzen. Zudem kann auch der beste Freund oder Coach die Einsamkeit oft nicht lindern, die uns befällt, wenn wir glauben, mit unserem beruflichen Problem allein zu sein. Er oder sie mag ähnliche Erfahrungen gemacht haben: Doch unser Problem erscheint uns in genau seiner fachlichen und strukturellen Konstellation meist einzigartig – und da ist guter Rat nicht nur teuer, sondern auch rar.

Spannend ist die Frage, ob es zu komplexen Herausforderungen überhaupt einen Rat *braucht* im Sinne von „So könnte man es machen" oder „Die Idee ist gut". Ist es stattdessen nicht viel hilfreicher, denjenigen als Mensch zu stärken und über Fragen zu einer eigenen Lösungsidee und Vorgehensweise finden zu lassen? Je komplexer etwas ist, desto weniger weiß irgendwer, was das Richtige ist. Das wird sich immer erst im Tun zeigen. Weit dienlicher als Tipps und Tricks ist es, im Gespräch *Haltungen* kennenlernen zu können, die einen eigenen Umgang mit der komplexen Situation zu entwickeln helfen.

ICH BIN NICHT ALLEIN

„Ich bin nicht allein!" Diese Erkenntnis wird in den Feedback-Runden in organisationsübergreifenden Dialogveranstaltungen meist am begeistertsten zurückgespiegelt. Dabei ist es schlicht eine Illusion, zu glauben, mit beruflichen Herausforderungen alleine dazustehen; wir werden aber dazu erzogen, es alleine machen zu wollen, etwa durch unser Schulsystem. Branche, Unternehmensgröße, Abteilung: In wie vielen Aspekten muss jemand wirklich deckungsgleiche Erfahrungen bieten, um mich möglicherweise weiterbringen zu können? Manchmal hilft die Frage eines Kindes am meisten, das unser Problem verstehen möchte ... oder die Sichtweise von Kollegen aus ganz anderen Abteilungen kann ganz neue Perspektiven eröffnen. Viele Wege erleichtern dabei, das notwendige Vertrauen aufzubauen, vom spontanen Bier bis zum Blutspendetag und Konzert, von der Gemeinderatssitzung bis zum Sportverein. Letztlich hat auch „der andere" oft Interesse, Perspektiven aus anderen Abteilungen kennenzulernen; das macht den Erstkontakt leichter, und wenn man sich überraschend als Gleichgesinnte erkennt, ist viel Energie vorhanden, um den Austausch fortzusetzen.

VERLETZLICHKEIT

Wir erleben unsere Situation und die der Firma nicht alle gleich; unterschiedliche Blickwinkel, Herausforderungen, Herangehensweisen und persönliche „Erfolgsrezepte" führen zu sehr verschiedenen Wahrnehmungen ein und desselben Sachverhalts. Neue Möglichkeiten erschließen sich im gezielten Austausch mit Andersdenkenden im eigenen beruflichen Kontext. Wir tendieren dazu, uns mit Gleichgesinnten zusammenzutun und gegenüber offenbar Andersdenkenden eher Abstand zu halten – gerade in einer solchen Konstellation kann es Wunder wirken, einen solchen Kollegen im Vertrauen beispielsweise zu fragen: „Mensch, ich glaube, du siehst diesen Sachverhalt ganz anders als ich; das interessiert mich. Was nimmst du wahr und was bedeutet das für dich?" Womöglich findet man dadurch zu neuen Sichtweisen und stärkt gleichzeitig eine respektvolle Verbundenheit miteinander.

Eine einfache Möglichkeit, Verletzlichkeit zu fördern, beschreibt „Pairing – schamlos zu zweit viermal besser"

Dem steht aber oft unsere Sorge im Weg, uns mit „allzu ehrlichen" Offenbarungen angreifbar zu machen und uns dagegen absichern zu müssen. Wenn nur diese Unsicherheit und die Sanktionierung von Fehlern nicht wären: Dies macht es besonders schwer, sich zu öffnen und zuzugeben, dass man etwas nicht kann oder ratlos ist. Also machen wir lieber „zu", auch wenn wir dadurch nur verlieren können. Denn so verschließen wir uns der Chance, in das zu investieren, was letztlich den Unterschied macht: Empathie, menschliche Verbundenheit, Vertrauensaufbau, Austausch, Ideen, Kreativität. All diese Erfolgsfaktoren erwachsen aus unserer Bereitschaft, *Verletzlichkeit* zu zeigen.

Zum Thema Verbundenheit und Verletzlichkeit siehe auch „Menschen ehrlich begeistern"

Ohne Verletzlichkeit kann es keinen Fortschritt geben, die beiden gehen Hand in Hand: Nicht nur, weil „wer wagt gewinnt". Es ist vor allem die Signalwirkung, die von uns ausgeht, wenn wir unseren Schutzschild ablegen und auf den anderen anteilnehmend zugehen. Einfach hingehen, so wie wir sind: authentisch, echt, offen – sodass die Leute uns sehen können; sehen, was wir tun und was wir möchten. Die anderen sehen: Er traut sich und stellt sich nicht ängstlich unter mich, er stellt sich aber auch nicht bedrohlich über mich. Er kommt einfach auf Augenhöhe, er schenkt mir Vertrauen und er ist wahrhaftig. So entwickeln wir eine andere Art von Präsenz, die Dialoge erleichtert: Wir urteilen nicht. Wir drängen nicht. Wir sind okay und im besten Sinne planlos: „Ich weiß es nicht", und machen eine Pause.

Das ist Authentizität. Sie opfert im schlimmsten Fall das Kurzfristige für das Langfristige. Sie spürt jeder sofort. „Beziehungspflege" hat als Begriff heute viele irrelevante Aspekte. Diese Form von Beziehungspflege zählt.

AUSTAUSCH IN MODERNEN NETZWERKEN

Es ist paradox: In solcher Weise Verletzlichkeit zuzulassen fällt uns in der Fremde meist ungleich leichter als in der eigenen Firma. Bestimmt haben Sie es auch schon auf einer längeren Bahnfahrt oder beim Warten auf einen verspäteten Flieger erlebt, dass Sie zu Wildfremden spontan Vertrauen aufbauen und persönliche Dinge teilen, die Sie „sonst" vielleicht nie teilen würden: Unter dem Schutzschirm der Hypothese, dass die andere Person niemanden kennt, den Sie kennen; oder weil ein gewisser Kitzel darin liegt, die Komfortzone der Schmallippigkeit auf diese Weise für einen Moment zu verlassen.

Zum Thema Open Space siehe auch „Open Space - eine Agenda entsteht von selbst"

Systematisch bieten sich solche Gelegenheiten natürlich bei Fachkonferenzen – im offiziellen und oft noch viel mehr im inoffiziellen Teil: vor allem in den Kaffeepausen, was Harrison Owen zur Entwicklung des Veranstaltungsformats „Open Space" anregte.

Eine weitere Begegnungsmöglichkeit besteht, wenn wir die Gelegenheiten dazu schaffen. Denn auch in Unternehmen in der Region gibt es zahlreiche Menschen, die sich gleichzeitig ähnliche Fragen stellen wie wir; die in vergleichbaren Strukturen vergleichbare Herausforderungen zu bewältigen versuchen. Doch wie kommen wir hier mit genau solchen Menschen in Kontakt? Früher waren wir in der Tat auf Zufallsbegegnungen angewiesen oder man hätte per Kleinanzeige oder Artikel in der Lokalzeitung zum Gespräch einladen müssen.

Das Internet hat all das geändert. Es bringt mühelos Neugierige, Ratsuchende, Gleichgesinnte und Andersdenkende zusammen, anfangs vor allem in thematisch fokussierten „Newsgroups" und Gesprächsforen, und mehr und mehr in der „echten Welt", überall in Deutschland und auf der Welt. Es ist verblüffend, wie viele Internetnetzwerke für *Präsenztreffen* jede Woche allein in Berlin neu gegründet werden, in denen wildfremde Menschen an den unterschiedlichsten Orten von der Kneipe bis zum Konferenzraum oder Co-Working-Space zusammenkommen. Waren es anfangs eher organisierte thematische Kneipenabende, sind inzwischen offenere Formate vom Open Space bis zum Maker-Lab-Workshop die Regel, mit 5 bis 50 Teilnehmern. Allein die populäre englischsprachige Plattform Meetup.com verzeichnete im Februar 2014 nur für Berlin fast 500 Meetup-Gruppen mit über 200 anstehenden Terminen,

knapp 30 am Tag – von „get IT together – network event for IT professionals"
bis „Berlin Startups PR Stammtisch" – und, typisch Berlin, am selben Tag auch
etwa der „European History Hackathon", der Gesprächskreis „Nelson Mande-
las Vermächtnis" und das Experiment, mit wildfremden Laien einen Abend
lang Hamlet einzustudieren. Das „Berlin Peace Innovation Lab" zum Beispiel,
eine Veranstaltungsreihe über soziale Kulturveränderung, die einer unserer
Autoren mit organisiert, hat in 10 Workshops ohne jede Werbung 400 Abon-
nenten gewonnen, von denen zu jedem Termin 40 bis 60 erscheinen und sich
rege beteiligen.

Gerade zu den Themen dieses Buchs gibt es Hunderte lokaler und überregio-
naler Netzwerke, die sich regelmäßig zum informellen Erfahrungsaustausch
und zu Workshops treffen und über die Treffen hinausgehende Projekte initiieren. Eine gedruckte Liste wäre nie vollständig, geschweige denn aktuell; wir
pflegen daher auf unserer Webseite eine Liste, die Sie gern gemeinsam mit uns
pflegen und ergänzen können.

Jeder kann den Austausch in Gang bringen und stärken. Es genügt schon, ein
Meetup zu besuchen oder selbst eines einzurichten. Eine ruhige Kneipe kann
der beste Veranstaltungsort sein, gerade zu Anfang. „Die kommen, sind die
Richtigen", sagt Harrison Owen, „denn sie haben die Energie aufgebracht, da zu
sein, und werden auf ihre Weise das Thema bereichern, mit Fragen, Ideen oder
einfach nur, indem sie durch ihre Anwesenheit ihr Interesse dokumentieren."

Moderne Netz-
werke für den
direkten Austausch:
management-y.de/
bewegungen

Auch ein eigener Blog und die sozialen Netze können mit geringstem Aufwand Anlässe und Räume schaffen, sich zu genau den Themen auszutauschen,
die uns bewegen. Alles, was nötig ist, ist ein entsprechendes Tool und immer
mal wieder ein neuer kurzer Artikel oder eine Frage. Ein Blog darf anonym
sein, wenn man erst einmal „das Wasser testen möchte", und kann Kommen-
tarfunktionen enthalten; manchen erwachsen schnell große Leserkreise, gerade wenn thematisch verwandte Blogs einander gegenseitig verlinken; und Systeme wie Facebook und Google+ werden von vielen als hybrider Mix aus Blog,
sozialem Netzwerk und persönlicher Webseite gesehen.

Einen gänzlich anderen, sehr persönlichen Weg beschreitet ein Geschäftsbe-
reichsleiter eines Berliner Konzerns, der in seinem Wohnhaus Freunde, Kolle-

gen und Nachbarn zu privaten Gesprächskreisen im World-Café-Format einlädt, um sie zu Fragen wie Führung, Strategie, Gesundheit und Spiritualität, die ihn persönlich beschäftigen, ins Gespräch zu bringen. Unseren Möglichkeiten sind keine Grenzen gesetzt.

MITMACHEN

Sie haben Feedback zum Buch oder Ideen für weitere Veröffentlichungen? Sie möchten sich gerne Gleichgesinnten anschließen? Sie wollen die Welt verändern? Unsere Kernfragen – „Was für ein Leben wollen wir wirklich leben? Wie können wir uns das erleichtern? Und welche Rolle spielt dabei unsere Arbeits- und Bildungswelt?" – berühren viele Menschen und allein durch den Austausch darüber kommen bemerkenswerte Gespräche in Gang. Unser Ziel ist dabei, neue Erkenntnisse zu erproben und zu teilen, gemeinsam hinzuzulernen und anderen zugänglich zu machen, was wir gelernt haben.

Sie sind daher herzlich eingeladen, jederzeit mitzumachen! Wir freuen uns über Gelegenheiten zu weiteren gemeinsamen Erkenntnissen – bei unseren Veranstaltungen, bei Ihren Veranstaltungen oder auch im Internet. Wir freuen uns auf den Austausch mit Ihnen!

Selber aktiv werden:

management-y.de/
mitmachen

237

Wir stehen vor atemberaubenden Möglichkeiten,

John W. Gardner (1912–2002), ehemaliger US-Minister

die als
unlösbare Probleme
verkleidet sind.

BILDNACHWEISE

S. 6/89/111/145/158/175/185/186/187/188/189/201 (Flugzeug, Daily Scrum, Besprechungsraum, World Café, Fearless Journey, Rettungsdienst, Nobody's Perfct, Fotos/Illustration Open Space, Drache): Holger Koschek

S. 14 (Kolumbus): Konzept Ulf Brandes, Grafik Manuel Dorn, Toscanelli-Karte Wikipedia (Public Domain)

S. 22 (Gegenüberstellung X/Y): Konzept Ulf Brandes, Grundidee Douglas McGregor, Grafik Manuel Dorn

S. 25 (Ampel und Kreisel): Konzept Ulf Brandes, Grundidee Bjarte Bogsnes, Grafik Manuel Dorn

S. 29 (Wie groß ist unser Wir): Konzept Ulf Brandes, Grundidee Marcel Marien, Grafik Manuel Dorn

S. 34/36/37 (Siedler und Pioniere): Konzept Ulf Brandes, Grundidee Dave Snowden, Grafik Manuel Dorn

S. 44 (Vier Blickwinkel): Konzept Ulf Brandes, Begriffe Autorenteam, Grafik Manuel Dorn

S. 121 (Goldmine): Michael Fritz / earthbeat foundation, http://earthbeatfoundation.org

S. 138/238/239 (Stufen statt Barriere): Konzept Ulf Brandes, Gestaltung Autorenteam, Grafik Manuel Dorn

S. 147/149/151/212/215/228/231 (Blueboard, Canvas, Vernetzung, Begreifen, Bäume, Fishbowl): Ulf Brandes

S. 155 (Delegation Poker): Jurgen Appelo, http://management30.com

S. 156 (Elch): Matthias Lehmann

S. 159 (Fearless-Journey-Karten): Deborah & Ilja Preuss

S. 165 (Etappen): Heinz Erretkamps

S. 167 (Kreisverkehr): Wikipedia (Public Domain)

S. 171 (Daumen): openclipart.org (Public Domain)

S. 179 (Organigramm): hhpberlin Ingenieure für Brandschutz GmbH

S. 192 (Bergsteiger): Florin Stana / Shutterstock

S. 203/204 (Temenos): Olaf Lewitz, http://trustartist.com

S. 209 (Kennzahlen): allsafe JUNGFALK GmbH & Co KG

Die Verwendung der Abbildungen erfolgt mit freundlicher Genehmigung der genannten Urheber.